高等学校计算机基础教育教材精选

# 大学计算机

## ——计算文化与计算思维基础实验实训

刘志敏 张艳丽 王彬丽 薛红梅 主编



清华大学出版社
北 京

## 内容简介

本书是《大学计算机——计算文化与计算思维基础》的辅助教材，全书共包括7章、多个实验实训和一个综合实训，每章包含两个部分，分别是常用软件功能介绍和相应的实验实训。常用软件功能介绍部分采用教学四部曲“项目要求-项目实现-项目进阶-项目交流”的项目化教学模式展开，以项目引领教学内容。实验实训部分采用“实验实训目标-相关知识点-基本技能实验-综合实训项目-实训拓展项目”实验教学模式展开，强调理论联系实际。本书的内容设计旨在提高学生学习兴趣，培养工程理念，使知识服务于生活，回归于生活。本教材配有项目所需素材及项目实训结果样本或模板，供读者参考。

本书适合作为高等院校非计算机专业学生第一门计算机课程的实验教学用书，也可作为从事办公自动化工作者的参考用书。



**图书在版编目(CIP)数据**

大学计算机——计算文化与计算思维基础实验实训/刘志敏等主编．—北京：清华大学出版社，2017（2018.10 重印）
（高等学校计算机基础教育教材精选）
ISBN 978-7-302-47737-2

Ⅰ．①大…　Ⅱ．①刘…　Ⅲ．①电子计算机－高等学校－教材　Ⅳ．①TP3

中国版本图书馆 CIP 数据核字(2017)第 166162 号

**责任编辑**：龙启铭
**封面设计**：傅瑞学
**责任校对**：徐俊伟
**责任印制**：刘祎淼

**出版发行**：清华大学出版社
　**网　址**：http://www.tup.com.cn，http://www.wqbook.com
　**地　址**：北京清华大学学研大厦A座　**邮　编**：100084
　**社 总 机**：010-62770175　**邮　购**：010-62786544
　**投稿与读者服务**：010-62776969，c-service@tup.tsinghua.edu.cn
　**质 量 反 馈**：010-62772015，zhiliang@tup.tsinghua.edu.cn
　**课 件 下 载**：http://www.tup.com.cn，010-62795954
**印 装 者**：三河市龙大印装有限公司
**经　销**：全国新华书店
**开　本**：185mm×260mm　**印　张**：12　**字　数**：288千字
**版　次**：2017年10月第1版　**印　次**：2018年10月第3次印刷
**定　价**：29.00元

产品编号：074682-01

# 前言



本书是主教材《大学计算机——计算文化与计算思维基础》(申艳光等主编,清华大学出版社)的配套辅助教材,以计算思维为导向,立足软件功能介绍及应用,充分体现CDIO(Conceiving-Design-Implement-Operate,构思-设计-实施-操作/运营)的教学理念;以"突出项目""着眼应用""立足实用""激发兴趣"为原则,突破传统实验教材的编写模式。本书内容新颖、涉及面广、实践性强,旨在达到理论知识和实际应用的融会与贯通,培养学生解决实际问题的能力,培养学生孜孜不倦探索科学的精神。

本书每章都包含了两个部分,分别是常用软件功能介绍和相应的实验实训。

常用软件功能介绍部分有如下特点。

(1) 融入CDIO理念,采用新的教学四部曲。本书采用教学四部曲"项目要求-项目实现-项目进阶-项目交流"的项目化教学模式,用项目引领教学内容,强调了理论与实践相结合,突出了对学生实际操作能力及工程师职业能力的培养,符合学生思维的培养方式。

(2) 多角度培养学生工程能力。本书围绕现代工程师应具备的素质要求,利用"想想议议""项目进阶""项目交流""角色模拟"等栏目,从多方面、多角度培养学生构建工程能力,包括终身学习能力、团队工作和交流能力、在社会及企业环境下建造产品的系统能力等。

(3) 以计算思维为导向。在培养学生工程能力的同时,本书依据内容,在"项目实例""想想议议"等栏目中融入计算思维,旨在激发学生对计算机科学的兴趣和热爱,展示计算之魅力。

(4) 贴近学生生活,倡导"快乐学习"理念。本书精选贴近学生生活、具趣味性和实用性的项目实例,如"电子贺卡""学生档案管理"等,按照教学规律和学生的认知特点,将知识点融于项目实例中。

实验实训部分的特点如下。

(1) 采用"实验实训目标-相关知识点-基本技能实验-综合实训项目-实训拓展项目"的新型实验教学模式。这种实验教学模式使知识内容逐步深化,集成基本技能和探究式学习为一体的主动学习方法,强调理论与实践相结合,突出对学生基本知识、综合运用能力和社会实践能力的培养。

(2) 由浅入深地培养学生的工程能力,集验证性、综合性、设计性实验实训项目为一体,从认知、训练、实践到探索,符合学生的认知规律。

- 基本技能实验：体现项目教程最基本的知识点的应用，是对项目教程基本知识的贯彻执行，是学生必须具备的最基本技能。
- 综合实训项目：与项目教程中的项目实例紧密结合，是项目教程中项目内容在实践中的验证，是学生综合知识应用能力的具体体现。
- 实训拓展项目：要求学生从实用出发、从实战出发，在掌握综合实训项目的基础上，适当拓展技能知识点的深度，自主完成实际作品的创作，旨在调动学生学习的主动性和创造性，培养学生求知欲和终身学习能力。

（3）基于工程实践的需要，本书中选择的实验实训项目实用、有趣，并且注重从多方面、多角度培养学生的工程能力。

（4）设置"提示""小贴士"栏目，提高学习效率。根据教师积累的教学经验，把操作内容的易出错点、操作技巧、常见提示信息等融入"提示""小贴士"，以起到提醒和提示学生、提高上机效率的作用。

本书共分7章，由刘志敏、张艳丽、王彬丽、薛红梅主编，河北工程大学计算机科学与技术系的全体教师和教育技术中心刘群和常志英老师参加了编写工作。最后由刘志敏、张艳丽、王彬丽完成统稿工作。

在本书的编写过程中，得到了河北工程大学领导和申艳光教授的精心指导及其他部分教师的大力支持，在此表示深深的敬意和感谢。

限于作者的水平及时间仓促，加之对CDIO理念的研究尚处探索阶段以及对计算思维的理解不够深刻，本书内容的组织难免存在不足之处，恳请读者批评和指正，以使其更臻完善！

2017年9月

# 目录

# 第1章 操作系统

操作系统(Operating System,OS)是软件的核心,是最基本的系统软件,是管理和控制计算机硬件与软件资源的计算机程序,任何其他软件都必须在操作系统的支持下才能运行。操作系统大致包括5项管理功能:进程管理、处理机管理、存储管理、设备管理和文件管理。

本章以Windows为学习平台,主要讲述Windows操作系统的基本知识、常用功能和基本操作。

## 1.1 Windows简介

Windows是Microsoft公司推出的基于图形界面的操作系统。从1985年Windows 1.0正式发布,已经历经了Windows 1.0、Windows 2.0、Windows 3.1、Windows 95、Windows 98、Windows Me、Windows NT、Windows 2000、Windows XP、Windows 2003、Windows Vista、Windows 7、Windows 8、Windows 8.1、Windows 10等众多的版本;从最初作为MS-DOS系统的用户接口,发展成了一个功能非常完善的操作系统。

**说明**:Windows下启动MS-DOS有以下几种方法:

(1) 执行"开始"→"所有程序"→"附件"→"命令提示符"命令,弹出MS-DOS运行窗口,用户可以在其中运行MS-DOS程序。

(2) 执行"开始"→"运行"命令,在弹出的"运行"对话框中输入cmd或command命令,单击"确定"按钮。

(3) 在"计算机"或"资源管理器"中找到要运行的MS-DOS程序,双击即可运行。

**想想议议**

您的手机安装的是哪一款操作系统?是不是所有应用软件都是在操作系统的环境下启动运行的?各应用软件的启动模式是否也相同?

# 1.2 Windows 基本操作

## 1.2.1 启动和退出

### 1. 启动 Windows

启动 Windows 就是把磁盘上的 Windows 模块驻留在内存中。在计算机运行过程中，都是内存中的 Windows 在指挥着各部件之间协调工作。启动 Windows 的常用方法有以下 3 种。

(1) 冷启动。也称为加电启动，用户打开计算机电源开关，在启动开始时，系统将进行硬件检测，稍后，直到屏幕上出现 Windows 的桌面时，表示 Windows 启动成功。

(2) 重新启动。执行"开始"→"关机"右侧的按钮→"重新启动"命令。

(3) 复位启动。用户只须按一下主机箱面板上的 Reset 按钮(也称复位按钮)即可实现。这是在系统无论按什么键(包括按 Ctrl+Alt+Del 组合键)，计算机都没有反应的情况下，对计算机强行重新启动(注：有的品牌机没有安装这个按钮)。

**注意：**

- 同时按 Ctrl+Alt+Del 键，可打开"Windows 任务管理器"对话框，用于结束没有响应的程序。
- 为了保护计算机系统，延长计算机的使用寿命，不要频繁冷启动。

### 2. 退出 Windows

在关闭或重新启动计算机之前，一定要先关闭所有正在运行的应用程序，然后退出 Windows，否则可能会破坏一些已保存的文件和正在运行的应用程序，还有可能造成某些系统文件的损坏。

(1) 正常关机：选择"开始"按钮，在弹出的"开始"菜单中，单击"关机"按钮 关机 后，系统自动保存相关信息，系统退出后，主机电源自动关闭，然后关闭显示器。

(2) 手动关机：在使用计算机的过程中，出现了"花屏""死机"等情况，不能正常关机，这时只能持续按住主机箱上的电源开关按钮，待主机关机，最后关闭显示器。

## 1.2.2 桌面

启动 Windows 后，呈现在用户面前的整个屏幕区域称为桌面，主要由"计算机""回收站"等图标和位于屏幕最下方的"开始"按钮及"任务栏"组成。用户可以根据需要或爱好更改桌面外观。

### 1.2.3 键盘的使用

1. 键盘分区简介

按照各类按键的功能和排列位置，可将键盘分为 4 个区：打字机键盘区、功能键区、编辑键区和数字小键盘区。

(1) 打字机键盘区：与英文打字机键的排列次序相同，位于键盘中间，除了字符键外，还附加了一部分功能键，对双字符键可用 Shift 键进行切换。

(2) 功能键区：指的是 F1～F12 键和 Esc 键，它们的具体功能可由操作系统或应用程序自行定义。

(3) 编辑键区：位于打字机键盘和数字小键盘之间，用于光标定位和编辑操作。

(4) 数字小键盘区：位于键盘右边，当需要输入大量数字时，用右手在数字小键盘上击键可大大提高输入速度，其中的双字符键具有数字键和编辑键的双重功能。单击数字锁定键 Num Lock 即可进行上档数字锁定状态和下档编辑状态的切换。

表 1.1 列出了常用键的功能。

表 1.1 常用键的功能

| 键 | 说明 |
|---|---|
| Esc | 称为"释放键"，不同的应用程序对它有不同的定义，在 Windows 环境下则是取消进行的操作 |
| Tab | 称为"跳格键"，每单击一次，光标向右移动若干个字符的位置，常用于制表定位 |
| Caps Lock | 称为"字母大写锁定键"，Caps Lock 指示灯亮表示字母大写状态，否则为小写状态 |
| Shift | 称为"上档控制键"，单独使用无意义。先按下 Shift 键不释放，再按下某个双字符键，即可输入上档字符 |
| Ctrl | 称为"控制键"，与其他键合成特殊的控制键 |
| Alt | 称为"替换键"，与其他键合成特殊的控制键 |
| Space | 称为"空格键"，用于产生一个空格 |
| Backspace | 称为"退格键"，可以删除光标左边的一个字符 |
| Enter | 称为"回车键"，作用可由用户所使用的程序设计语言或应用程序来定义。通常的功能是表示一个输入行的结束，光标移到下一行 |
| Ins | 称为"插入/改写转换键"，插入状态是在光标左面插入字符，否则改写当前字符 |
| Delete | 称为"删除键"，删除光标当前字符 |
| Home 和 End | 光标快速移动键，Home 是向前移动，End 是向后移动，移动范围与操作系统或应用程序的具体定义有关 |
| PgUp 和 PgDn | 光标定位到上一页和下一页 |
| PrintScreen/Prtsc | 称为"打印屏幕键"，在 Windows 中是将屏幕、当前窗口或对话框的图形信息放入剪贴板中 |
| Scroll Lock | 称为"屏幕锁定键"，单击此键屏幕停止滚动，再单击一次则恢复 |

续表

| 键 | 说　明 |
| --- | --- |
| Pause/break | 称为"暂停键",可暂停程序的运行 |
| 光标移动键 | 包括→、↓、←、↑四个键。在具有全屏幕编辑系统功能中,每单击一次,光标将按箭头方向移动一个字符或一行 |
| Num Lock | 称为"数字锁定键",Num Lock 指示灯亮,进入上档数字锁定状态,否则为编辑状态 |

2. 养成良好的打字习惯

良好的打字习惯,对打字速度和质量的提高都是非常重要的。

(1) 打字姿势。这里总结为八字口诀:"直腰、弓手、立指、弹键"。其中,"直腰"是指身体坐直,手腕平直,打字的全部动作都在手指上;"弓手"是指手指弯曲,手型成勺状;"立指"是指手指尖垂直向键位用力,瞬间完成,并立即反弹回去;"弹键"是指击打键的力度应适中。

(2) 指法。这里的指法是指打字机键盘区中的键位合理地分配给双手各手指。每个手指负责按固定的几个键位,使之分工明确,各司其职。正确的指法不但能提高输入的速度和质量,同时还是实现"盲打"的基础,即操作时两眼看着书面材料或屏幕,不看键位。如图 1.1 所示,左手的食指负责"4、R、F、V"和"5、T、G、B"两列;左手的中指负责"3、E、D、C"一列;左手的无名指负责"2、W、S、X"一列;左手的小指负责"1、Q、A、Z"一列及其他一些罕用的键。右手完全类似,两个大拇指负责一个空格键。

(3) 基本键位。基本键位是指双手不击键时应保持在一定的位置:左手的小指、无名指、中指和食指应依次轻轻放在"A、S、D、F"键上;右手的食指、中指、无名指和小指应依次轻轻放在"J、K、L、;"键上;双手的拇指轻轻放在空格键上,如图 1.1 所示。当击键时,手指均从基本键位伸出,击键完毕,手指立即回到此键位。久而久之,每个键位相对于基本键位的位置、距离就会非常熟悉,击键的准确性和速度自然而然地就提高了。

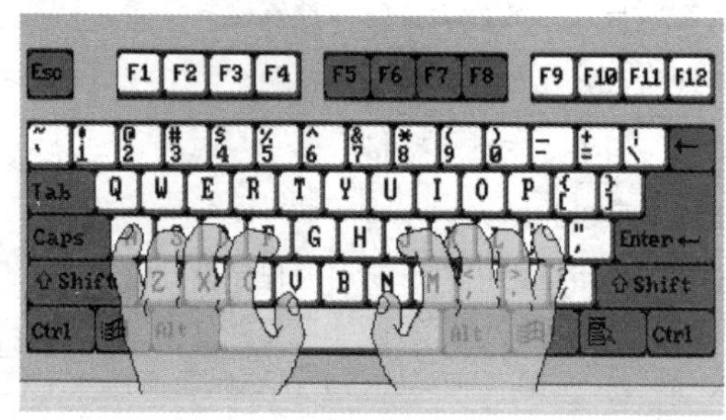


图 1.1　基本键位和指法

## 1.2.4　菜单及其基本操作

1. 菜单的约定

Windows 对菜单命令的约定如下。

(1) 分组线：分组线的作用是将菜单中属于同一功能类型的选项排列在一起，方便用户查找。

(2) 虚实选项：菜单中功能选项的虚实，表示操作对象在当前状态下是否有效。

(3) 选项后跟省略号"…"：单击这类选项后，会在屏幕上弹出一个对话框，必须进一步输入信息才能执行相应命令。

(4) 选项后有"右三角"：表示该选项下面有级联菜单，应继续选择。

(5) 选项前有"√"："√"是复选标志，即在同一组选项之间没有关联，可以同时被选中多项。

(6) 选项前有实心圆点：实心圆点是单选标志，即同组选项中只能有一个被选中。

(7) 选项后跟组合键：它表示该选项具有快捷键，用户不必打开菜单，直接按下此快捷键，就可执行该项操作。

(8) 选项后面伴有带下画线的字母：表示该选项具有访问键，对于顶层菜单，按 Alt＋访问键就可执行该项操作；对于子菜单，用户打开菜单后直接输入该字母即可执行。

**2. 菜单的种类及其操作**

Windows 菜单分为"开始"菜单、"控制"菜单、"快捷"菜单、"下拉"菜单及其下属的"级联"菜单 5 种。

(1) "开始"菜单。它是实施所有操作的一个最完整的菜单。单击任务栏上的"开始"按钮或按组合键 Ctrl＋Esc 或系统菜单控制键田，均可打开"开始"菜单。"开始"菜单分 4 个基本部分：

- 左边的大窗格显示计算机程序的列表。
- 左边窗格的底部是搜索框，通过键入搜索项可在计算机上查找程序和文件。
- 右边窗格提供了对文档、计算机、控制面板等常用的 Windows 程序的快速访问。
- 右边窗格的底部是关闭选项，实现注销 Windows、睡眠、关闭计算机等操作。

(2) "控制"菜单。每个窗口都有一个控制菜单，包含窗口处理的一些功能，如还原、移动、大小、最大化、最小化、关闭等。

单击标题栏上的"控制"菜单图标；或按 Alt＋Space 键(针对当前窗口)，均可打开"控制"菜单。

(3) "快捷"菜单。右击任何对象将弹出一个快捷菜单，该菜单包含该对象在当前状态下的常用命令。

(4) "下拉"菜单。单击菜单栏的对应选项；或按 Alt＋访问键；或先按 Alt 键激活菜单，再用→、←键选择菜单项后回车，均可以打开"下拉"菜单。

(5) "级联"菜单。它不是一个独立的菜单，是由菜单中的一个选项扩展出来的下一级子菜单，并允许多层嵌套。除"控制"菜单外，其他几种菜单都可以具有"级联"菜单。

(6) 关闭菜单。单击该菜单外的任意区域或按 Esc 键均可关闭当前菜单。

### 1.2.5 窗口

窗口是 Windows 的基本组成元素之一，是人机交流的主要方式和界面。每当打开程序、文件或文件夹时，都会弹出对应的窗口。窗口操作是 Windows 最基本的操作。

虽然每个窗口的内容各不相同，但大多数窗口都具有相同的基本部分。以 Windows 7 的“资源管理器”窗口为例，窗口的基本元素包括“控制菜单”按钮、标题栏、地址栏、菜单栏、窗口、工具栏、状态栏等，如图 1.2 所示。

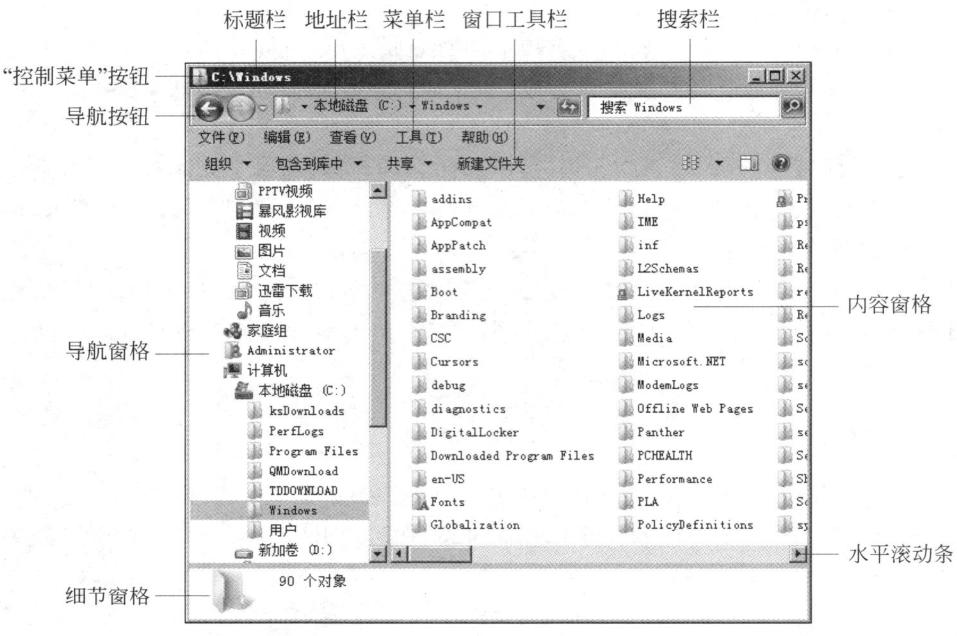


图 1.2　Windows 7 的“资源管理器”窗口

**说明**：如果窗口中没有显示菜单栏，可按 Alt 键快速调出。或通过单击如图 1.2 所示窗口工具栏中的“组织”→“布局”→“菜单栏”选项调出。

## 相关知识

### Windows 窗口的基本操作

**1. 打开窗口**

打开窗口常用方法有三种，操作如下：

(1)双击要打开的对象图标或右击，从弹出的快速菜单中选择“打开”命令。

(2)单击“开始”按钮，从弹出的“开始”菜单中选择。

(3)单击“开始”菜单中的 Jump List 跳转列表中的项目。

**2. 切换窗口常用操作如下：**

(1) 鼠标操作有以下三种方法。

- 单击任务栏中的按钮。
- 若窗口在桌面上且没被全部遮盖，可用鼠标单击所需窗口。

- 单击任务栏上 Jump List 跳转列表中的项目。

(2) 键盘操作有以下三种方法。

- 按 Alt+Esc 键，依次把桌面上的窗口调到前台，找到需要的窗口后停止。
- 按 Alt+Tab 键后，按住 Alt 键不放，屏幕上便出现一个小窗口，排列着任务栏中所有按钮的窗口图标，可用 Tab 键正向选择，选定后释放 Alt 键。
- 按 Ctrl+F6 或 Ctrl+Tab 键。

注意：Jump List 功能菜单用于显示最近使用的项目列表，主要表现在"开始"菜单、"任务栏"和 IE 浏览器上，每一个程序都有一个 Jump List，方便快速找到最近使用过的文档，即历史记录。

**想想议议**

如何关闭窗口？有几种方法？是不是所有窗口都用这些方法关闭？

### 1.2.6 对话框

对话框也是 Windows 和用户进行信息交流的一个界面。当选择了菜单中带有"…"的选项，需要用户输入信息时，或者要显示附加信息、警告、错误原因时，都会弹出对话框窗口。对话框与窗口的主要区别是：标题栏中没有"控制菜单"按钮；标题栏右边没有最大化、最小化按钮；整个对话框的尺寸不能变化。

### 1.2.7 帮助系统的使用

Windows 提供了强大的帮助系统，用户可通过以下四种方法获得帮助信息。

(1) 选择"开始"菜单中的"帮助和支持"选项来获取 Windows 系统的帮助。

(2) 利用对话框或窗口中的帮助按钮 ? 获取帮助。

(3) 通过应用程序的"帮助"选项或在该应用程序窗口中按 F1 功能键，可以获取该应用程序的帮助。

(4) 显示 MS-DOS 命令的帮助。在 MS-DOS 操作系统中，在命令提示符后输入要得到帮助的命令，在其后跟两个符号"/?"。例如，输入"dir/?"将显示 dir 命令的帮助。若要每次只显示一屏的帮助文字，可以在输入的命令后加上"|more"命令。例如，输入"dir/?|more"将逐屏显示 dir 命令的帮助信息。

## 1.3 项目实例：计算机个性化设置与使用

### 1.3.1 项目要求

我们常常需要进行计算机环境的个性化设置，比如建立个人用户账户、设置个性化的桌面、信息资源管理等。通过本项目实例的学习，可以初步掌握如何利用“资源管理器”“控制面板”“计算机”和“回收站”等进行系统设置与控制、信息资源管理等。

## 1.3.2 项目实现

### 1.3.2.1 建立“用户账户”

Windows 可设置不同种类账户，用于保护个人和系统信息安全。例如，标准账户用于日常计算，管理员账户对计算机进行最高级别的控制，但只在必要时才使用，来宾账户主要针对需要临时使用计算机的用户。

建立“用户账户”方法步骤如下。

(1) 利用“资源管理器”或“计算机”，打开“控制面板”窗口；

(2) 单击“用户账户和家庭安全”图标，打开相应窗口。在此窗口中，用户可以选择“添加或删除用户账户”“更改 Windows 密码”或“更改账户图片”等功能实现用户账户管理。

### 1.3.2.2 设置个性化桌面

设置桌面包括显示属性的设置、“开始”菜单的设置、任务栏的设置等。

1. 显示属性

右击桌面的空白处，在弹出的快捷菜单中，选择“屏幕分辨率”选项，则弹出有关设置屏幕分辨率的对话框；选择“个性化”选项，则打开“个性化”对话框，在此对话框中对“桌面背景”“窗口颜色”“主题”“更改桌面图标”“更改鼠标指针”等选项进行设置。

**注意**：屏幕上的文本和图像清晰度与显示器的分辨率有关，分辨率越高，屏幕上的对象越清晰，但屏幕上的对象会显得越小，这样屏幕可以容纳更多的内容。反之，屏幕上的对象越大，屏幕容纳对象越少。

2. 设置“开始”菜单

右击任务栏的空白处，在弹出的快捷菜单中选择“属性”选项，可以打开“任务栏和「开始」菜单属性”对话框，如图 1.3 所示。选择“「开始」菜单”选项卡可以自定义“开始”菜单，包括自定义链接、图标以及菜单的外观和行为，要显示的最近打开过的程序数目，要显示在跳转列表中的最近使用的项目数等。

3. 设置任务栏

右击任务栏的空白处，在弹出的快捷菜单中选择“属性”选项，可以打开“任务栏和「开始」菜单属性”对话框，选择“任务栏”选项卡，如图 1.3 所示。根据对话框提示信息，设置任务栏的外观、位置等。

(1) 移动任务栏位置。当“锁定任务栏”选项没有选中时，用鼠标拖动任务栏的空白处即可将其置于桌面的底部、顶部、左侧和右侧，或从“屏幕上的任务栏位置”下拉列表中选择“任务栏”需要放的位置，最后单击“确定”按钮。

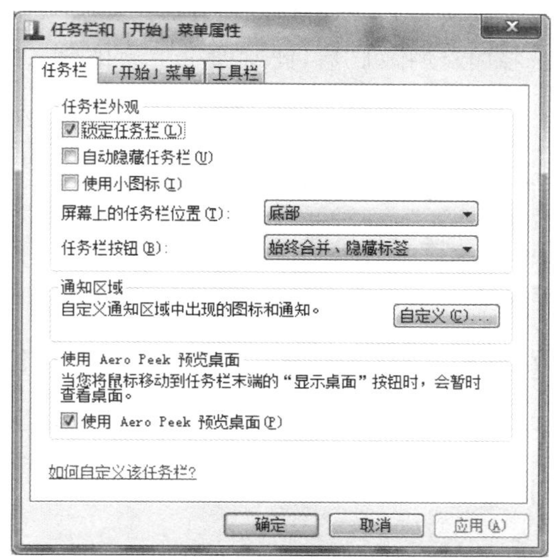


图 1.3 “任务栏和「开始」菜单属性”对话框的“任务栏”选项卡

(2) 调整任务栏大小。当“锁定任务栏”选项没有选中时，将鼠标指向任务栏的边沿，待鼠标变成双箭头状，拖动鼠标即可。

(3) 任务栏的显示与隐藏。如果选中“自动隐藏任务栏”选项，则任务栏不再出现在桌面上，只在屏幕边上留下一条白线，当鼠标指向白线时，任务栏显示出来；鼠标离开后，又自动隐藏起来。

(4) 自定义“快速启动”工具栏。任务栏上默认有一个“快速启动”工具栏，通常有三个按钮：Internet Explorer 按钮、Windows Media Player 按钮和“Windows 资源管理器”按钮。用户可根据需要添加和删除项目，也可以建立新的工具栏。

- 向“快速启动”工具栏添加新项目。在桌面、“资源管理器”“计算机”“开始”菜单等处，选中一个对象后，将其直接拖动到“快速启动”工具栏或右击在快捷菜单中选择“锁定到任务栏”，再将其直接拖动到“快速启动”工具栏。
- 删除“快速启动”工具栏项目。选中要删除的项目，用鼠标将其拖动到任务栏空白处，再关闭该选项；或右击要删除的项目，在快捷菜单中选择“将此程序从任务栏中解锁”选项。

(5) 在任务栏上建立新工具栏。右击任务栏空白处，在快捷菜单中选择“工具栏”选项，在其级联菜单中选择“新建工具栏”命令，弹出“新建工具栏”对话框，从列表框中选择一个文件夹，然后单击“确定”按钮即可。

### 4. 排列桌面上的图标和窗口

排列桌面上的图标有两种方式。

(1) 自动排列。操作步骤如下。

- 右击桌面空白区域，在快捷菜单中选择“查看”，再从级联菜单中选择“自动排列图标”选项，则可由系统自动排列图标位置。
- 再次激活快捷菜单，在“排列图标”级联菜单中进一步选择排列方式。可在“名称”

“大小”“项目类型”“修改日期”选项中选择其一。

(2) 手动排列。当选择“自动排列”后,此时即可手动排列。排列桌面上的窗口有两种方式。

- 窗口自动排列。右击任务栏空白处,弹出任务栏的快捷菜单,可在“层叠窗口”“堆叠显示窗口”“并排显示窗口”三种方式中任选其一。
- 窗口手动排列。用鼠标拖动窗口的标题栏,可将窗口移动到桌面的任意位置。

#### 1.3.2.3 信息资源管理

Windows 信息资源的管理主要是通过“资源管理器”“计算机”和“回收站”实现的。主要包括以下 12 种操作。

(1) 查看信息。

(2) 新建文件和文件夹。

(3) 创建快捷方式。

(4) 重命名对象。

(5) 查看/修改对象的属性。

(6) 复制和移动对象。

(7) 快速发送对象。

(8) 删除与恢复被删除的对象。

(9) 磁盘管理。

(10) 查找信息。

(11) 库的使用。

(12) 压缩和解压缩文件。

**1. 资源管理器的启动**

启动资源管理器的方法很多,常用的有以下两种。

(1) 从“开始”菜单启动。右击“开始”按钮,从快捷菜单中选择“打开 Windows 资源管理器”。

(2) 从快捷菜单中启动。单击任务栏左侧“快速启动”工具栏中的“Windows 资源管理器”快捷按钮。

启动资源管理器后,打开如图 1.2 所示的窗口。

资源管理器窗口分为两部分:“左窗格”和“右窗格”。“左窗格”也称导航窗格,其中分类显示出收藏夹、库、家庭组、计算机等选项,用户根据需要进行选择;“右窗格”也称内容(文件)窗格,显示所选对象的内容。

资源管理器可以在一个窗口内同时显示出当前文件夹所处的层次及其存放的内容,结构清晰。

“左窗格”中具有文件夹特征的这些对象,其左侧都设有标志:

- “▷”: 表示该文件夹没有打开,其下一层结构没有显示出来。
- “◢”: 表示该文件夹已经打开,其下一层结构已经显示出来。

## 相关知识

### 资源管理器窗口的基本操作

**1. 菜单栏显示与取消**

选择“组织”→“布局”→“菜单栏”选项即可，此项前有“√”表明窗口中显示菜单栏；如再次选择此选项，取消此项前的“√”，表明窗口中不显示菜单栏。

**2. 改变右窗格的显示**

（1）选择显示方式。打开“查看”菜单，在“图标”“平铺”“列表”“详细信息”等8种显示方式中选择一种显示方式。或单击工具栏上的“查看”按钮右侧的小箭头，从列表中选择其一。

（2）排列图标。打开“查看”菜单，选择“排序方式”选项，在其级联菜单中选择“名称”“大小”“类型”“修改日期”“递增或递减”“作者”等文件属性中的一种排列方式。或选择“分组依据”选项进行分组。或在“详细信息”显示方式下，直接单击右窗格上面中的“名称”“大小”“类型”“修改日期”“作者”等按钮，这也是一种非常好的查找文件的方法，它可以通过排列图标，来达到快速分类的效果。

**3. 改变左、右窗格的比例**

将鼠标指针指向两个窗格中间的分隔条，当鼠标指针变为双箭头后，左右拖动鼠标便可改变两个窗格的比例。

**4. 选取右窗格多个对象**

选取多个连续对象的操作：

（1）鼠标操作：先单击第一个对象，再按下Shift键，单击最后的对象，则这区间的所有对象都被选中；或自第一个对象拖动鼠标到最后的对象。

（2）键盘操作：按下Shift键，连续移动光标；若全选，可按Ctrl＋A键。

选取多个不连续对象的操作：

（1）鼠标操作：先单击第一个对象，再按下Ctrl键，单击其他对象。

（2）键盘操作：按下Ctrl键，移动光标；然后松开Ctrl键，再按Space键选中对象。重复这两种操作即可实现多个不连续对象的选择。

**想想议议**

在现实生活中哪些方面也体现了操作系统分层管理资源的基本思想？

**2. 查看信息**

操作方法常用以下两种。

（1）利用“资源管理器”查看信息。操作步骤如下。

- 寻找浏览的文件夹。利用滚动条滚动左窗格，单击“◢”标志关闭不需查找的文件夹；单击“▷”标志打开需查找的文件夹。
- 在左窗格中单击找到的所需浏览的文件夹。

• 双击右窗格所要的对象，激活该对象。

（2）利用“计算机”查看信息。

**3. 新建文件和文件夹**

操作方法有以下几种。

(1)使用“文件”菜单。操作步骤如下。

• 在“计算机”或“Windows 资源管理器”中，找到要创建新对象的文件夹。
• 选择“文件”菜单中的“新建”选项。

(2)使用快捷菜单。操作步骤如下。

• 确定要创建的位置，可以选择在桌面上或某个文件夹中。
• 在桌面或某个文件夹窗口空白处右击(或按 Shift＋F10 键)，弹出快捷菜单。
• 选择“新建”选项，在级联菜单中选择文件夹或各类文档等。

（3）使用工具栏上的“新建文件夹”按钮。此方法也适用于具有“新建文件夹”按钮的对话框，例如在 Office 的“打开”和“另存为”对话框中。

**4. 创建快捷方式**

可以给任何文件、文件夹添加快捷方式。快捷方式是访问某个常用项目的捷径，具有文件名，扩展名为.lnk。双击快捷方式图标可立刻运行这个应用程序、完成打开这个文档或文件夹的操作。

创建快捷方式有以下三种情况。

（1）如果未选中某个对象，选择“文件”→“新建”→“快捷方式”或快捷菜单的“快捷方式”选项后，会弹出“创建快捷方式”对话框。它是一个向导，可在它的指导下逐步完成新对象的创建。

（2）如果已选中某个对象，选择“文件”菜单或快捷菜单的“创建快捷方式”选项或“发送”→“桌面快捷方式”命令后，不会弹出向导，会立即创建。

（3）使用鼠标右键拖动要创建快捷方式的对象，到要创建的目标文件夹后，释放鼠标，将出现一个包含“复制到当前位置”“移动到当前位置”“在当前位置创建快捷方式”“取消”等四个选项的菜单，如图 1.4 所示，这时选择“在当前位置创建快捷方式”选项即可。

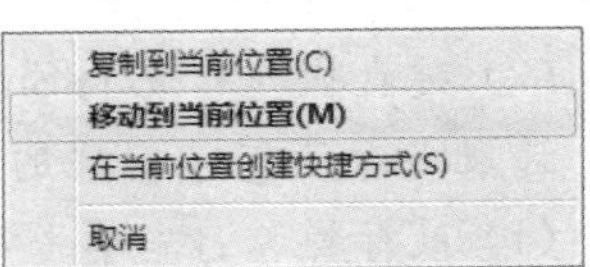


图 1.4 右键拖动对象产生的快捷菜单效果

**5. 重命名对象**

（1）直接命名：选定对象并单击其名称或按 F2 键，出现闪烁光标后，输入新名称，然后按回车键。

（2）使用菜单命名：选定对象后，打开“文件”菜单，或右击弹出快捷菜单，选择“重命名”选项，然后在反相显示的名称上输入新名称，最后按回车键或单击其他地方确认。

**6. 查看/修改对象的属性**

查看或修改对象的属性的操作步骤如下。

（1）在“资源管理器”或“计算机”中选定要查看的对象(如文件、文件夹、磁盘等)。

（2）在“文件”菜单中选择“属性”选项；或从工具栏上选择“组织”→“属性”选项；或右击选定的对象，在弹出的快捷菜单中选择“属性”选项，均显示该对象的“属性”对话框。

（3）在弹出的“属性”对话框中，根据选定对象的不同会出现不同的选项卡，用户可以根据需要进行查看和修改。

文件和文件夹的属性有存档、只读、隐藏和加密等。一般文件和文件夹的属性为“存档”“存档”主要提供给某些备份程序使用，通常不需要用户设置。

7. 复制和移动对象

首先在“资源管理器”或“计算机”中选定要复制或移动的一个或多个对象（这里所指的对象是文件和文件夹），然后进行对象的复制和移动，方法主要有以下三种。

（1）拖动。按拖动对象的不同情况采用如下不同的操作。

- 源文件和目标文件在同一个磁盘上，直接拖动对象可完成对象的移动。若按下 Ctrl 键再拖动，则完成对象的复制。
- 源文件和目标文件不在同一个磁盘上。从一个磁盘拖动对象到另一个磁盘上，可完成对象的复制；若按下 Shift 键再拖动，则完成对象的移动。

（2）右键拖动。使用鼠标右键拖动某一对象，到目的文件夹后，释放鼠标，在出现的包含“移动”“复制”等四个选项的菜单中根据需要选择。

（3）使用剪贴板。剪贴板是 Windows 附件中一个常用工具，它是内存中一个用于在 Windows 程序和文件之间传递信息的临时存储区。它可以存储正文、图像、声音等信息，可以实现不同应用程序间的信息交换，实现了信息共享。

复制和移动对象的操作方法如下。

（1）使用剪贴板的“先剪切，再粘贴”组合操作可完成对象的移动。

（2）使用剪贴板的“先复制，再粘贴”组合操作可完成对象的复制。另外，剪贴板的内容可以多次粘贴，这种多次粘贴其实也实现了对象的复制。

 **说明**：使用“剪切”“复制”“粘贴”命令可以采用多种方法。

（3）右击对象，选择快捷菜单中的“剪切”“复制”“粘贴”选项。

（4）单击工具栏的“剪切”、“复制”、“粘贴”按钮。

（5）按 Ctrl＋X、Ctrl＋C 和 Ctrl＋V 键。

（6）按 Print Screen 键可复制整个屏幕信息到剪贴板；按 Alt＋Print Screen 键可复制某个活动窗口容或对话框到剪贴板；利用 Windows 的“截图工具”，截取的信息到剪切板，然后粘贴。

8. 快速发送对象

Windows 可以简单、快速地将选定对象发送到文档、邮件收件人等。

（1）在“资源管理器”或“计算机”中，右击要发送的对象。

（2）在弹出的快捷菜单中选择“发送”选项，在其级联菜单中选择要发送的目的地。

9. 删除及恢复被删除的对象

删除对象有以下三种操作方式。

（1）可以恢复的删除操作。这种操作是将硬盘中欲删除的对象移入回收站，这仍然占用磁盘空间，可以恢复。删除方法有以下几种。

- 选定对象后，打开“文件”菜单，选择“删除”选项。
- 右击选定对象，在弹出的快捷菜单中选择“删除”选项。
- 选定对象后，单击工具栏上的“组织”→“删除”选项。
- 选定对象后，直接按 Delete 键。
- 直接将选定对象拖到“回收站”图标上。

恢复方法有以下几种。

- 在“回收站”窗口下，选定要恢复的对象，在“文件”菜单或快捷菜单中选择“还原”选项。
- 当一个对象被删除后，只要还没有进行其他的操作，都可以在“编辑”菜单中选择“撤销删除”选项或单击工具栏中的“组织”按钮，在下拉项目中选择“撤销”，将刚刚删除的对象恢复，然后按 F5 键，刷新“资源管理器”窗口中的显示。
- 用鼠标将回收站中的对象拖动到适当的地方。

**注意**：对于闪盘等外存，以上删除操作会将对象彻底删除，不可恢复。

(2) 不可恢复的删除操作。这种删除操作是从磁盘中将对象彻底删除，不可恢复。删除方法有以下几种。

- 选定对象后，打开“文件”菜单，按住 Shift 键，再选择“删除”选项。
- 右击选定对象，弹出快捷菜单，然后按住 Shift 键，再选择“删除”选项。
- 选定对象后，直接按 Shift+Delete 键。
- 按住 Shift 键不放，再拖动选定对象到“回收站”图标上。
- 通过清空“回收站”，可以删除“回收站”中部分或全部对象。

### 10. 磁盘管理

有关磁盘管理的操作简述如下。

(1) 在“资源管理器”或“计算机”中右击磁盘驱动器图标，弹出快捷菜单。

(2) 根据需要选择快捷菜单中的有关磁盘管理的选项，比如“格式化”等。

### 11. 查找信息

(1) 使用“搜索”命令。使用“搜索”命令查找信息操作方法如下。

- 单击“开始”按钮，打开“开始”菜单，在“搜索程序和文件”框中输入要查找的内容。
- 打开“计算机”或“资源管理器”或“库”或文件夹窗口，在“搜索栏”框中输入要查找的文件或文件夹名称(可使用通配符“ * ”和“?”)。

(2) 选择查找类型。在打开的“搜索栏”框内，用户可以选择不同的查找类型，实现按名称、大小、类型、标题、修改时间及创建时间、组等的查找。

为了精确地查找内容，用户还可以在搜索时为搜索内容添加筛选器，如图 1.5 所示。

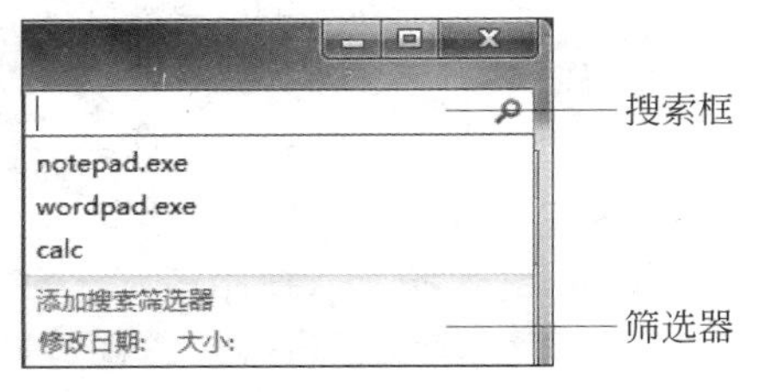

图 1.5 搜索框界面

在筛选器列表中显示了可以设置的额外的搜索条件，如“修改日期”“大小”。单击“修改日期”则会在搜索框中添加“修改日期：”文字，然后弹出一个日期列表，用户可以从中选择所需选项进行搜索。

**注意**：使用“开始”菜单搜索框查找信息时，搜索的结果中只显示已建立索引的文件。

12. 库的操作

库是 Windows 中新增的一个重要的特性和功能。在以前版本的 Windows 中，管理文件方法是用不同的文件夹和子文件夹来组织管理。但 Windows 的版本中，有的版本还可以使用库组织和访问文件。

库能收集不同位置的文件，不需要从其存储位置移动这些文件，并显示为一个集合，便于在同一个窗口中查看这些文件或设备中的数据。如 Windows 7 默认创建了 4 个库，分别是文档库、图片库、音乐库、视频库。

打开“库”窗口的方法有以下两种。

(1) 单击“开始”按钮，在弹出的“开始”菜单中选择“文档”。

(2) 执行任务栏中的“Windows 资源管理器”图标，单击左窗格中的“文档”库等。

在“库”窗口中，可以根据需要将常用文件夹添加到默认库中，也可以在库中创建自己的新库，以及对库进行删除等操作，还可以通过网络库访问其他主机上的共享文件夹。库操作方法与创建文件夹类似。

13. 压缩和解压缩文件

Windows 较高的版本中自带了压缩功能，可以对文件或文件夹进行压缩操作，压缩文件夹能够使文件所占磁盘空间变小。通过该功能，用户可以将一个或一批文件或文件夹压缩为一个 ZIP 格式文件(方便网上传送)。需要时可以通过提取文件功能进行解压缩。

(1) 压缩文件夹的操作方法：先选定需要压缩的对象，右击选定对象中的任意一个，在弹出的快捷菜单中选择“发送到”→“压缩(zipped)文件夹”选项，即可对选定的对象进行压缩并生成一个.ZIP 文件。

(2) 从压缩文件夹中提取文件的操作方法：右击压缩文件并选择“全部提取”命令，在弹出的对话框中设置解压文件夹的位置(默认将文件解压缩到与压缩包相同的文件夹)，然后单击“提取”按钮，即可完成压缩文件的解压操作。

**想想议议**

其他专业压缩软件与 Windows 压缩软件功能及操作方法是否相同？

### 1.3.3 项目进阶

1. 使用“控制面板”进一步个性化设置

控制面板是一组系统管理程序，通过控制面板可实现更多的系统设置，以满足计算机用户更多的要求，比如添加硬件设备、添加/删除软件、更改辅助功能选项，如输入法、时钟设置等。

(1) 安装或删除字体。

字体是具有某种风格的字母、数字和标点符号的集合。字体有不同的大小和字形。字体的大小指字符的高度,一般以像素为单位。字形包括粗体与斜体等。

用户可以使用的字体和大小,取决于计算机系统加载的字体和打印机内建的字体。在 Windows 中,用户可用的字体包括可缩放字体、打印机字体和屏幕字体。目前经常使用的 TrueType 字体是典型的可缩放字体,它打印出来的结果与屏幕显示完全一致,也就是“所见即所得”。如果用户在使用过程中发现打印输出与屏幕显示的字体不同,则可以断定是打印字体和屏幕字体不匹配所致。

通过“控制面板”中的“字体”窗口,可实现字体的安装与删除。

安装字体有两种方法:

- 右击要安装的字体,然后单击“安装”。
- 通过将字体拖动到“控制面板”中的“字体”安装字体。

删除字体的步骤:

- 单击要删除的字体。如果一次删除多种字体,单击每种字体时按住 Ctrl 键。
- 单击工具栏中的“删除”按钮即可。

(2) 系统属性。

在“控制面板”中,找到“系统”图标,单击打开“系统”窗口,可以查看或修改计算机硬件设置,如更改设备驱动程序、硬件配置文件管理、远程设置等。

(3) 键盘和鼠标。

- 键盘。在“控制面板”中找到并单击“键盘”图标,将弹出“键盘属性”对话框,可以对键盘进行设置。
- 鼠标。在“控制面板”中找到并单击“鼠标”图标,将弹出“鼠标属性”对话框,可以对鼠标进行设置。

(4) 添加或删除打印机。

在“控制面板”窗口中,单击“硬件与声音”图标,则出现“硬件与声音”窗口,选择“添加打印机”选项,打开相应对话框,根据系统提示选择是本地打印机还是网络打印机。选择打印机类型后,系统会自动搜索网络或与本机连接的打印机,然后安装其驱动程序,并打印测试页,若测试页打印成功,则打印机安装完成。

如果要删除打印机,请选择删除对象,选择“删除设备”菜单,根据系统提示操作即可完成。

**注意**:传真机的安装与设置同打印机。

(5) 安装或卸载程序。

在 Windows 中,安装或卸载一个程序,不能够简单地把它复制,一切资源都必须交给系统来管理。在“控制面板”窗口中,单击“卸载程序”图标,系统将弹出“卸载或更改程序”窗口。通过更改或卸载程序菜单可以对应用程序进行更改,也可卸载系统中已有的应用程序。

**注意**：用户必须以管理员或管理组成员的身份登录，才能执行此操作。

安装软件常用以下两种方法。

- 通过网络安装。
- 在安装盘上（CD、DVD 或 U 盘）查找到安装程序，一般名称为 Setup. exe 或 Install. exe，双击这个安装程序即可启动安装向导。

删除现存的程序操作步骤如下。

- 在“卸载或更改”窗口中，选中列表框内要删除的程序。
- 单击“更改”菜单命令或“卸载”按钮，根据提示即可完成卸载操作。

**说明**：金山、360 安全卫士等也具有安装/卸载软件的功能。另外，很多应用软件安装后，会在菜单中生成一个用于卸载的菜单项，通过此项菜单也可卸载程序。

(6) 打开或关闭 Windows 功能。

Windows 附带的某些程序和功能（如 Internet 信息服务）必须打开才能使用。某些其他功能默认情况下是打开的，但可以在不使用它们时将其关闭。在打开的“Windows 功能”对话框中，若要打开某个 Windows 功能，请选择该功能旁边的复选框。若要关闭某个 Windows 功能，请清除该复选框，单击“确定”按钮。

(7) 添加设备。

要在计算机上安装新设备包括三步：

(1) 设备连接（将设备与计算机连接）；

(2) 软件连接（运行该设备的驱动程序）；

(3) 属性设置（对该设备的工作参数进行设置）。

驱动程序是指含有设备控制方式及其信息传递方式的程序模块。

Windows 包含很多种设备的驱动程序，对于具有“即插即用”功能的新设备，只要接入系统，并重新启动计算机就可投入使用。但对于非即插即用和准即插即用的旧型外部设备，单击“控制面板”内“硬件和声音”中的“添加设备”选项，系统会自动查找设备，找到设备后会查找设备的驱动程序；如果找不到，会提示用户指定驱动程序所在的路径。用户只需要按照提示操作即可。

**说明**：即插即用（Plug-and-Play，PNP）就是在加上新的硬件以后不用为此硬件再安装驱动程序，因为操作系统里附带了它的驱动程序。

**2. 使用 Windows 工具**

Windows 提供给用户一些工具，包括计算工具、截图工具、写字板工具、绘图工具、网络与通信工具、声像工具和系统维护工具等。

操作方法如下：打开“开始”菜单，在“开始”菜单中找到，或单击“开始”菜单→“所有程序”→“附件”选项中找到，或在“附件”选项的级联菜单中可以找到这些工具。

(1) 计算器。在“附件”中提供有“计算器”,用户可以使用标准型计算器进行简单计算,或使用科学型计算器进行高级的科学和统计计算。计算器应用程序名为 calc. exe。

(2) 截图工具。Windows 较高版本中自带的截图工具可用于帮助用户截取图像,同时还可以对截取和图像进行编辑。截图工具应用程序名为 SnippingTool. exe。

(3) 画图。可以使用“画图”程序创建、编辑和浏览图片,包括一个可移动的工具箱、颜料盒以及打印预览功能。“画图”程序创建的文件扩展名默认为 bmp,称为“位图”。画图应用程序名为 mspaint. exe。

(4) 写字板。Windows 提供了一种新的文本编辑器——“写字板”,是专用于编写短文档的文字编辑程序。写字板应用程序名为 wordpad. exe。

(5) 记事本。“记事本”是一个用来创建简单的文档的基本的文本编辑器。“记事本”最常用来查看或编辑文本文件,即按 ASCII 格式(纯文本)打开和保存文件。记事本应用程序名为 notepad. exe。

(6) 声像工具。声像工具包括 Windows Media Player、“录音机”和“音量控制”等。这些工具都可以在“开始”菜单中找到。

- Windows Media Player。通过使用 Windows Media Player,可以播放多种类型的音频和视频文件;还可以播放和制作 CD 副本、播放 DVD、收听 Internet 广播站、播放电影剪辑或观赏网站中的音乐电视。
- 录音机。使用“录音机”程序可以录制、混合、播放和编辑声音,也可以将声音链接或插入到某个文档中。
- 音量控制。如果有声卡,对于计算机上播放的声音或由多媒体应用程序播放的声音,用户可以使用“音量控制”调节其音量、平衡、低音或高音设置。也可以使用“音量控制”调整系统声音、麦克风、CD 音频、线路、合成器以及波形输出的音量。

(7) 系统工具。系统工具可以在“开始”→“所有程序”→“附件”→“系统工具”菜单下找到。

- 磁盘清理。磁盘清理程序帮助释放硬盘驱动器空间。磁盘清理程序首先搜索电脑的驱动器,列出临时文件、Internet 缓存文件和可以安全删除的不需要的程序文件,然后可以使用磁盘清理程序删除部分或全部这些文件。

**注意**:“磁盘清理”的另一种方法是,单击“开始”按钮 ,在“搜索”框中键入“磁盘清理”,然后在结果列表中双击“磁盘清理”。另外,360、金山杀毒软件也具有磁盘清理功能。

- 磁盘碎片整理程序。磁盘碎片整理程序将计算机硬盘上的碎片文件和文件夹合并在一起,以便每一项在卷上分别占据单个和连续的空间。这样,系统就可以更有效地访问文件和文件夹。通过合并文件和文件夹,磁盘碎片整理程序还将合并卷上的可用空间,以减少新文件出现碎片的可能性,从而提高程序的运行速度。
- 任务计划。用户可以在任务计划程序中添加任务,系统会根据用户的设置定期地执行这些任务。
- 系统信息。在“系统信息”窗口的“工具”菜单中,有诊断工具、系统还原等命令。

(8) 蓝牙文件传送。通过启用计算机上的蓝牙设备,可以与计算机附近的其他蓝牙设备连接(比如手机),实现文件无线传送。

### 1.3.4 项目交流

(1) 作为用户,你对计算机的个性化设置还有哪些其他需求?

(2) 比较当前几种操作系统的优缺点及应用特色,并预测未来操作系统的发展趋势,然后写出报告。

分组进行交流讨论会,并交回讨论记录摘要,记录摘要内容包括时间、地点、主持人(即组长,建议轮流当组长)、参加人员、讨论内容等。

## 1.4 实验实训

### 1.4.1 Windows 基本操作

#### 1.4.1.1 实验与实训目标

1. 实验目标

(1) 掌握 Windows 基本操作。

(2) 掌握 Windows 控制面板的使用。

(3) 掌握 Windows 文件资源管理操作。

(4) 了解 Windows 硬件环境。

2. 实训目标

培养根据需要对 Windows 进行个性化设置的能力和有效管理文件资源的能力。

#### 1.4.1.2 主要知识点

(1) 开机与关机操作。

(2) Windows 桌面、窗口及菜单操作。

(3) 利用资源管理器、计算机和回收站进行文件资源管理,包括查看信息、创建对象、重命名对象、复制/移动对象、磁盘管理、信息查找等。

(4) 利用控制面板进行系统设置,包括外观和主题设置、用户账户管理、添加/删除程序。

#### 1.4.1.3 基本技能实验

1. 熟悉 Windows 操作系统的使用环境

(本题使用"操作系统\基本技能实验\1"文件夹)

查看你所用计算机的属性,新建一个记事本文档,把所查看的计算机硬件配置参数记录在文档中，并以“我的计算机硬件.txt”为文件名保存在本文件夹中。

**提示**：使用“控制面板”中的“系统”工具或者是通过“计算机”属性窗口查看本机的CPU型号、内存(RAM)容量等硬件信息。通过“计算机”窗口查看硬盘的容量信息。

**2. Windows桌面基本操作**

正确开机后，完成以下Windows基本操作。

(1) 桌面操作。设置图片/幻灯片为桌面背景，并将桌面上的某个图标添加到任务栏。

**提示**：利用快捷菜单中的相应命令。

(2) 桌面小工具应用。在桌面上添加/删除一个“日历”小工具。

(3) 切换窗口。练习用多种方法在已经打开的“计算机”“回收站”和Word 2010等不同窗口之间切换。

**提示**：利用Alt+Tab快捷键，进行窗口的切换状态，即按住Alt键不放，同时使用Tab键进行程序之间的切换，切换到想要的程序时释放按键即可。

(4) 对话框操作。

打开“日期和时间”对话框，移动其位置，并更改当前不正确的系统日期与时间。打开“文本服务和输入语言”对话框，将语言栏中已安装的一种自己熟悉的中文输入法作为默认输入法。

**提示**：在“文本服务和输入语言”对话框中，单击“常规”选项卡，可设置默认输入法。

**3. 控制面板的使用**

(本题使用“操作系统\基本技能实验\3”文件夹)

利用控制面板完成以下操作。

(1) “开始”菜单设置。将记事本应用程序图标锁定到“开始”菜单，查看设置效果。

**提示**：一种方法是，打开记事本应用程序的安装目录，找到一个“notepad.exe”的应用程序，鼠标指向其并右击，在快捷菜单中单击“附到「开始」菜单”命令。另一种方法是，依次单击“开始”菜单→“附件”找到“记事本”，并右击，在快捷菜单中单击“附到「开始」菜单”命令。

(2)“显示”属性设置。使用 fish.jpg 作为桌面背景图片，将屏幕分辨率改为 1024×768，颜色质量为 16 位，使设置生效，查看设置效果。

**提示：**

(1) 设置桌面背景：一种方法是，在屏幕“个性化”对话框中，单击“屏幕背景”选项，在“屏幕背景”对话框中进行设置。另一种方法是，打开存储该图片的目录，找到作为桌面背景的图片并右击，在快捷菜单中单击“设置为桌面背景”命令。

(2) 设置屏幕分辨率：在快捷菜单中单击“屏幕分辨率”命令。

(3) 设置颜色质量：在“屏幕分辨率”对话框中，单击“高级设置”选项，再单击“监视器”选项卡。

(3) 安装/卸载程序。将 7-zip461.exe 程序试安装到 D 盘，完成后再练习卸载该程序。

**提示：**卸载程序常用方法：

(1) Windows 的卸载功能。

(2) 金山、360 安全卫士等。

(3) 很多应用软件安装后，会在菜单中生成一个用于卸载的菜单项，通过此项菜单也可卸载程序。

4. 文件资源管理

(本题使用“操作系统\基本技能实验\4”文件夹)

利用资源管理器、计算机和回收站完成以下操作。

(1) 在 TestD 文件夹下建立如下的文件夹结构：

TestD-河北工程大学-大学计算机基础

**提示：**在同一文件夹中不能创建相同的文件夹名或保存相同的文件名。

(2) 将 Files 文件夹(含子文件夹)中主文件名第 2 个字符是“a”、扩展名任意的所有文件复制到 TestB 文件夹。

**提示：**打开 Files 文件夹窗口，在窗口的“搜索栏”中输入“? a*.*”后，“内容窗口”中将显示搜索结果。

**注意：**“*”表示任意一个不确定字符，“?”表示一个不确定字符。

(3) 将 TestC 文件夹彻底删除。

**提示：**彻底删除对象，常用两种方法：一种是清空回收站；另一种是选中对象后，按 Shift+Delete 组合键。

(4) 在 TestE 文件夹中为 Files 文件夹中的“演示文稿 2. ppt”创建快捷方式，快捷方式名为“泰山”。

**提示**：在指定目录中，找到该文件后右击，在快捷菜单中选择“创建快捷方式”命令。

(5) 将 Files 文件夹中的“演示文稿 3. ppt”的文件属性设为只读、隐藏。

**提示**：在指定目录中，找到该文件后右击，在快捷菜单中选择“属性”命令。

### 1.4.2 综合实训项目

**1. 计算机个性化设置方案**

参考 1.3 节的“项目要求”建立用户账户和设置个性化桌面部分，设计一个自己喜欢的计算机个性化设置方案，并实施。

**2. 文件资源管理**

(本题使用“操作系统\综合实训项目\2”文件夹)

(1) 在本题所用文件夹中建立如下所示的文件夹结构：

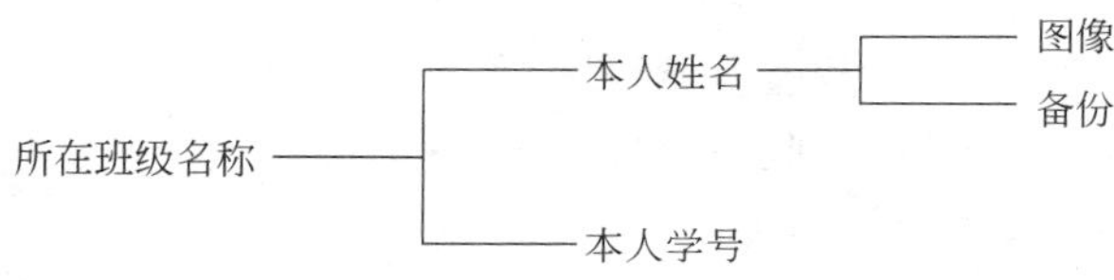


(2) 在 C 盘上查找 Control. exe 文件，创建其快捷方式，保存到“本人姓名”文件夹下，并改名为“控制面板”。

(3) 调整窗口大小和排列图标。打开“计算机”窗口，以“详细信息”方式查看其内容，并按“名称”排列窗口内的内容。然后复制此窗口的图像，粘贴到“画图”应用程序中，并以“窗口. bmp”为名保存在“图像”文件夹中。

(4) 文件和文件夹的移动、复制、删除。将 C 盘 Windows 文件夹中第一个字符为 S、扩展名为 exe 的所有文件复制到“本人学号”文件夹中；将“图像”文件夹中的所有文件移动到“备份”文件夹中。

(5) 在 Windows 帮助系统中搜索有关“将 Web 内容添加到桌面”的操作，将搜索到的内容复制到“写字板”程序的窗口中，以“记录 1. txt”为名保存在“本人学号”文件夹中。

(6) 试着将上述“记录 1. txt”文件删除到回收站，然后再尝试从回收站中将它还原。

(7) 将“所在班级名称”文件夹发送到“我的文档”文件夹中。

小贴士：

(1) 按 PrintScreen 键复制全屏图像，按 Alt＋PrintScreen 键复制活动窗口图像。另外，Windows 自带的截图工具可用于截取屏幕上的图像，并且可以对截取的图像进行简单的编辑。

(2) 使用“发送到”→“我的文档”可以将所选对象直接复制到“我的文档”文件夹而不用执行复制和粘贴。

(3) 如果文档中的图片不见了，而显示为“EMBED Word. Picture. 8”，这是由于误按了 Alt＋F9 键的原因，再按一次即可恢复原状。

## 1.4.3 实训拓展项目

### 1. 磁盘的高级格式化

将 U 盘插入到计算机的 USB 接口，进行高级格式化，并把 U 盘的卷标设置为自己的姓名。

小贴士：

(1) 磁盘的高级格式化，会使磁盘中的信息全部丢失，所以此项操作要慎重。

(2) 磁盘的高级格式化，可以清除磁盘中的病毒，还起到优化磁盘的作用。

### 2. 共享文件夹设置

练习将本地磁盘上的一个文件夹设置为网络共享，使局域网上其他用户可以访问到该共享文件夹中的文件。

小贴士：

(1) 要将局域网中某文件夹设置为共享，可在该文件夹上右击，从弹出的快捷菜单中选择“属性”，打开该文件夹的“属性”对话框，在“共享”标签对话框可以添加共享的用户，如不添加用户就是在这个网络里的所有人都可以用；也可以指定网络里的访问这个文件夹用户数量，还可以对网络上的用户进行对共享该文件夹读写权限设置。

(2) 在 Windows 环境下，为保证局域网上的其他用户能够访问本机共享文件夹，请在“计算机”窗口中执行“工具”→“文件夹选项”命令，打开“文件夹选项”对话框，在“查看”标签下的“高级设置”选项列表中，选中“使用共享向导(推荐)”。

### 3. 文件和文件夹的加密设置

练习将本地磁盘上的一个文件夹或文件进行加密设置。

小贴士：

(1) Windows 加入加密文件系统，实现了对文件和文件夹的加密功能，用于将信息以加密格式保存在硬盘里，有效地保护信息免受未经许可的访问。

操作方法：选中要加密的文件或文件夹，右击，从弹出的快捷菜单中选择“属性”命令，出现选中的文件名或文件夹名的“属性”对话框；单击“常规”选项卡中的“高级(D)…”按钮，弹出“高级属性”对话框。选中“压缩或加密属性”选项中的“加密内容以便保护数据”复选框，最后单击“确定”按钮即可。如想解密，去掉“加密内容以便保护数据”复选框中的对勾，单击“确定”按钮即可。

(2) 如果想对磁盘中的所有文件和文件夹进行加密，可以使用 BitLocker 驱动器加密功能来保护文件，确保计算机即使在无人参与、丢失或被盗的情况下也不会被篡改。

**4. 磁盘碎片整理**

试利用磁盘碎片整理程序对本地磁盘 D 进行碎片整理。

小贴士：

(1) 磁盘碎片整理工具可以对磁盘进行物理整理操作，使相关文件能够在硬盘上物理地储存在一起，缩短硬盘在寻找文件时的寻道时间，增加效率，也减小磁头臂的负担，从而延长了硬盘的寿命。

(2) 启动磁盘碎片整理程序的方法有两种：①在“计算机”窗口中右击要查错磁盘的图标，在快捷菜单中选择“属性”，打开该磁盘的“属性”对话框，选择“工具”标签，单击“碎片整理”选项中的“立即进行整理”按钮。②执行“开始”→“所有程序”→“附件”→“系统工具”→“磁盘碎片整理程序”命令。

(3) 在进行碎片整理时，不要运行任何程序，最好也关闭一切自动运行的、驻留在内存中的程序，关闭屏幕保护等，否则，会导致碎片整理异常缓慢，甚至重新开始整理。

**5. 磁盘清理**

试利用磁盘清理程序清理本地磁盘 D 的无用文件。

小贴士：

(1) 磁盘清理程序是一个垃圾文件清除工具，它除可清空回收站中的文件外，还可自动找出整个磁盘中的各种无用文件。经常运行磁盘清理程序来删除无用文件，可以保持系统的简洁，大大提高系统性能。

(2) 启动磁盘清理程序的方法：执行“开始”→“所有程序”→“附件”→“系统工具”→“磁盘清理”命令。

# 第2章 文字处理

文字处理是最基本的信息处理，目前 Windows 平台上使用较多的办公自动化软件是 Microsoft Office 套装软件。Word 文字处理软件是 Microsoft Office 套装软件中的一个成员，也是近年来流行的文字处理软件之一。

本章主要讲述中文版 Word 的基本概念及其基本应用。

## 2.1 Word 简介

Word 是专门用于文字处理的一种应用软件工具，它具有强大的文字编辑、图文混排、表格制作、排版与打印等功能。通过 Word 可以制作出图文并茂的电子文档，用于满足信息社会人们工作和生活中的文稿处理需要。

### 2.1.1 Word 的启动与退出

**1. Word 的启动**

Word 的启动方式常用以下几种。

(1) 利用“开始”菜单启动。在 Window 7 中单击“开始”按钮，执行“开始” → “所有程序” → Microsoft Office→Microsoft Office Word 命令，即可启动 Word。

(2) 利用桌面快捷方式启动。直接在桌面上双击 Microsoft Office Word 快捷方式图标来启动 Word。

(3) 直接双击 Word 文档，也能启动 Word，同时打开相应文档。

**2. Word 的退出**

退出 Word 的操作有以下几种。

(1) 利用“文件”选项卡。在 Word 窗口中选择“文件”选项卡，在对应功能区单击“退出”按钮。

(2) 利用窗口控制按钮。单击 Word 窗口右上角控制按钮中的“关闭”按钮。

(3) 利用窗口控制菜单。单击 Word 窗口左上角的窗口控制图标，在弹出的窗口控制菜单中选择“关闭”。

(4) 利用快捷键。在键盘上按 Alt+F4 键可以关闭当前 Word 窗口。

在退出 Word 时,如果文档中的内容已经存盘,系统则立即退出 Word,并返回 Windows 操作状态;如果还有已被打开并作过修改的文档没有存盘,Word 就会弹出询问"是否保存"的对话框,如果需要保存则单击"是"按钮,否则单击"否"按钮。

## 2.1.2 Word 的窗口组成

启动 Word 后,将出现 Word 窗口,以 Word 2010 组成为例,如图 2.1 所示。窗口由快速访问工具栏、标题栏、窗口控制按钮、功能区(由选项卡、组、命令组成)、文档编辑区域、状态栏组成。

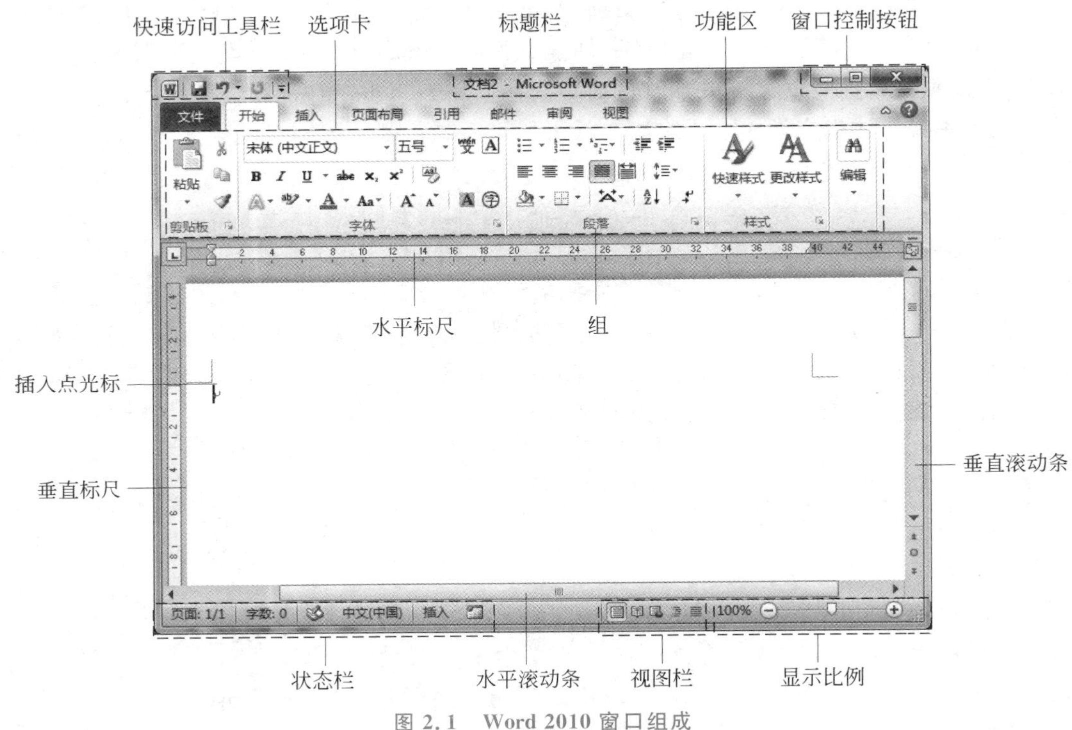


图 2.1 Word 2010 窗口组成

### 1. 快速访问工具栏

快速访问工具栏位于工作界面的顶部,如图 2.1 所示,用于快速执行某些操作。快速访问工具栏从左向右依次为"程序控制图标"、"保存"按钮、"撤销"按钮、"恢复/重复"按钮。快速访问工具栏上的工具可以根据需要添加,单击右侧的 ▾ 按钮,在弹出的下拉菜单中选择需要添加的工具即可。

### 2. 标题栏和窗口控制按钮

标题栏位于快速访问工具栏右侧,用于显示文档和程序的名称。窗口控制按钮位于工作界面的右上角,如图 2.1 所示,单击窗口控制按钮,可以最小化、最大化/恢复或关闭程序窗口。

### 3. 功能区

功能区位于标题栏下方，包括了 Word 所有的编辑功能，将单击功能区上方的选择卡，下方显示与之对应的编辑工具，编辑工具按组划分。当单击功能区右上角的⌃按钮，可将功能区隐藏起来，以获得更大的编辑空间。单击⌄按钮则可恢复功能区的显示状态。

### 4. 文档编辑区

文档编辑区是用来完成文字的输入、编辑和排版，不断闪烁的插入点光标“|”表示用户当前的编辑位置。要修改某个字或词，就必须先移动插入点光标，利用↑、↓、←、→、PgUp、PgDn、Home、End 等键可移动光标，具体操作方法见表 2.1。

表 2.1 编辑键的作用

| 按 键 | 作 用 |
|---|---|
| ↑、↓、←、→ | 将光标上、下、左、右移一个字符 |
| PgUp、PgDn | 将光标上移、下移一页 |
| Home、End | 将光标移至当前行首、行末 |
| Ctrl＋Home、Ctrl＋End | 将光标移至文件头和文件末尾 |
| Ctrl＋→、Ctrl＋←、Ctrl＋↑、Ctrl＋↓ | 将光标右移、左移、上移、下移一个字或一个单词 |

### 5. 标尺

在文档编辑区的上端和左端，可显示水平标尺和垂直标尺。利用标尺可以设置页边距、字符缩进和制表位。标尺中部白色部分表示版面的实际宽度，两端灰色的部分表示版面与页面四边的空白宽度。在“视图”功能区的“显示”组中，选中或取消选中“标尺”复选框，可显示或隐藏标尺。

### 6. 滚动条

文档窗口有水平滚动条和垂直滚动条。单击滚动条两端的三角按钮或用鼠标拖动滚动条可使文档上下滚动。单击垂直滚动条上的前一页按钮和后一页按钮，可以翻页显示前一页或后一页文档。通过“选择浏览对象”按钮中的“定位”选项，可将光标直接定位到任意一页。

### 7. 状态栏

状态栏位于窗口左下角，用于显示文档页数、字数及校对信息等。

### 8. 视图栏和视图显示比例滑块

视图栏和视图显示比例滑块位于窗口右下角，用于切换视图的显示方式以及调整视图的显示比例。Word 提供了页面视图、阅读版式视图、大纲视图、Web 版式视图和草稿视图等多种视图，不同的视图方式分别从不同的角度、按不同的方式显示文档，以适应不同的工作需求。

# 2.2 Word 基本操作

## 2.2.1 文档的基本操作

1. 新建文档

在使用 Word 进行文档编辑之前需要先建立文档。新建文档常用以下几种方法。

(1) 默认情况下，每次启动 Word 时，会自动新建一个名称为“文档 1”的空白文档。Word 文档的默认扩展名为 docx。

(2) 选择“文件”选项卡，单击“新建”，从模板列表中选择不同模板来新建基于模板的文档，如图 2.2 所示。

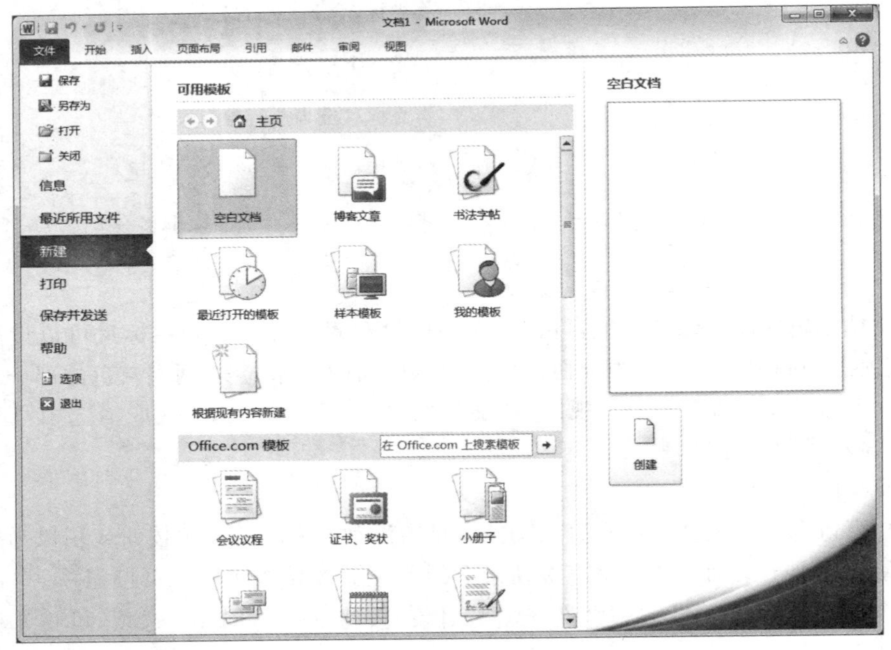


图 2.2 “新建”选项区

(3) 单击快速访问工具栏上的“新建”按钮新建空白文档。

**想想议议**

如果快速访问工具栏上没有“新建”按钮，怎样将其添加到快速访问工具栏中？

2. 文本录入

在文档编辑区中可以录入文本。文本录入主要包括中文、英文、数字、符号、日期和时间等内容的录入。

(1) 录入原则。在录入文字过程中，首先应进行单纯录入，然后运用 Word 的排版功能进行有效的排版。录入时应注意以下几点。

- 各行结尾处不要用回车键来换行，开始一个新段落时才需按此键，因为在 Word 中回车键代表段落标记。
- 对齐文字时不要用空格键或 Tab 键，要用下面讲的缩进、制表符等对齐方式。
- 适当使用“插入”和“改写”两种输入状态。Word 有“插入”和“改写”两种输入状态，在“插入”状态下，键入的文本将插入到当前光标所在位置，光标后面的文字将按顺序后移；而“改写”状态下，键入的文本将把光标后的文字替换掉，其余的文字位置不改变。

**想想议议**

如何切换“插入”和“改写”两种输入状态？

(2) 中英文录入。英文录入直接按键盘上的键就可以了，主要应注意英文字母的大小写切换用 Caps Lock 键，或者使用 Shift+字母键输入大写字母。当输入的文字既有中文又有英文时，就需要中英文的快速切换，这时可同时按 Ctrl 和空格键来切换。

**注意**：对于字母编码的输入法，只有小写字母才能作为汉字编码。

(3)插入标点符号和其他符号。

- 插入常用标点符号。在切换到中文输入法状态后，可直接按键盘的标点符号，也可以在中文输入法状态框中的软键盘按钮上右击，选择“标点符号”进行输入。
- 其他符号。如果遇到键盘上未能提供的符号，可以利用中文输入法状态框中的软键盘输入，也可以选择“插入”选项卡，在“符号”组中单击“符号”按钮后，执行“其他符号”命令，打开“符号”对话框，在该对话框中根据需要选择不同“子集”找到并插入符号。

(4) 插入日期和时间。选择“插入”选项卡，单击“文本”组中的“日期和时间”按钮，打开“日期和时间”对话框，在该对话框的“可用格式”列表框中提供了各种日期和时间的显示方式。

3. 保存文档

在文档编辑过程中要注意及时保存文档。保存文档有以下几种方法。

(1) 单击快速访问工具栏上的“保存”按钮。

(2) 选择“文件”选项卡，单击“保存”或“另存为”按钮。

(3) 自动保存文档。方法有以下两种。

- 在“另存为”对话框中选择“工具”→“保存”选项，在打开的对话框中进行“自动保存时间间隔”的设置即可。
- 选择“文件”选项卡，单击“选项”，在打开的“选项”对话框中选择“保存”，然后进行“自动保存时间间隔”的设置即可。

**想想议议**

为了防止别人打开或篡改你的文档，应采取什么安全措施来保护你的文档？如何实现？

#### 4. 打开文档

编辑一个已经存在的文档时，需要先打开该文档。打开文档常用以下方法。

(1) 直接双击要打开的 Word 文档。

(2) 单击快速访问工具栏上的“打开”按钮，利用弹出的“打开”对话框打开文档。

(3) 选择“文件”选项卡，单击“打开”，利用弹出的“打开”对话框打开文档。

(4) 选择“文件”选项卡，单击“最近所用文件”，可直接打开最近使用过的文档。

**想想议议**

如果快速访问工具栏上没有“打开”按钮，怎样将其添加到快速访问工具栏中？

#### 5. 关闭文档

文档编辑完毕需要及时关闭以减少内存占用，关闭文档常用以下几种方法。

(1) 单击标题栏上的“关闭”按钮。

(2) 按 Alt+F4 键。

(3) 选择控制菜单中的“关闭”命令，或直接双击控制菜单按钮。

(4) 选择“文件”选项卡，单击“关闭”按钮。

### 2.2.2 文档的编辑操作

#### 1. 文本的选择

在 Windows 环境下的软件，都遵循一个规律，即“先选定，后操作”，Word 也不例外，在对文本进行各种操作之前需要先选择文本。选择文本的方法有以下几种。

(1) 拖动文本。将“I”形光标放在要选择文本一端，按住鼠标左键不放拖到要选择文本另一端。

(2) 使用文本选定区。将鼠标移到文本选定区，鼠标呈向右倾斜的箭头状，单击鼠标可选择一行，双击鼠标可选择一段，三击鼠标可选择全部文本；按住鼠标左键，沿垂直方向拖动也可以选定多行；按住 Ctrl 键后单击鼠标左键也可以选择全部文本。

(3) 其他一些快捷方法。

- 双击字词：选择字词。
- Ctrl 键+单击文本：选择一句话。
- Alt 键+移动鼠标：选择矩形区域。
- Shift+单击：先将光标置于要选定的文本前，按住 Shift 键，再单击要选定的文本区域的末端，便选中两点之间的文本。

- 选定不连续文本区域。在选定一块文本区域后，按住 Ctrl 键，再选定另一块文本区域，便可实现不连续文本区域的选定。
- 取消选定：在编辑窗口的任意处单击鼠标。

**想想议议**

如果选择文本后，再按键盘上的任何字符会出现什么情况？

### 2. 文本的删除

如果要删除文本，采用如下几种方法之一。

(1) 利用键盘编辑键删除文本。如果未选定任何文本，按 Delete 键将删除插入点光标之后的字符，按 Backspace 键将删除插入点光标之前的字符；选定文本后，按 Delete 键或 Backspace 键将删除所选文本。

(2) 直接输入新文本的方法。选定一块文本区域后，如果直接输入新的文本，可以既删除所选文本，又在所选文本处插入新内容。

### 3. 文本的复制和移动

文本的复制和移动是文档编辑过程中经常使用的操作。

(1) 文本的复制。复制的方法常用以下两种。

- 利用剪贴板：选择“开始”选项卡，在“剪贴板”组中使用“复制”“粘贴”按钮可完成文本复制。文本复制操作的要领是先复制、再粘贴。复制时，需要先选定要复制的文本；粘贴时，需要将插入点光标定位到目标位置。
- 鼠标拖动：选定要复制的文本后，用鼠标左键将所选内容拖动到目标位置，按住 Ctrl 键不释放，放开鼠标左键即可。

(2) 文本的移动。移动的方法常用以下两种。

- 利用剪贴板：选择“开始”选项卡，在“剪贴板”组中使用“剪切”“粘贴”按钮完成文本移动。文本移动操作的要领是先剪切、再粘贴。剪切时，需要先选定要剪切的文本；粘贴时，需要将插入点光标定位到目标位置。
- 鼠标拖动：选定要移动的文本后，用鼠标左键直接将所选内容拖动到目标位置，放开鼠标左键即可。

**想想议议**

剪贴板中信息除文本外，可以是图形、表格等其他信息吗？用鼠标右键拖动能实现文本的复制和移动操作吗？

### 4. 撤销与恢复

在 Word 中，用户的每次操作都有所记录，可利用快速访问工具栏中的“撤销”按钮与“恢复”按钮对操作进行对每次操作进行撤销和恢复，这两个操作是互逆操作。可以按从后向前的顺序依次撤销若干步操作，对已经撤销的操作，可按从前到后的顺序依次复。当无操作可恢复时，“恢复”按钮变为状，可用于重复最后一次操作。

### 2.2.3 查找与替换

1. 定位操作

选择“开始”选项卡，在“编辑”组中单击“替换”按钮，在打开的“查找和替换”对话框中选择“定位”选项卡进行定位操作。

2. 查找和替换操作

查找操作可以在文档中找到特定内容，替换操作不仅要查找到要替换的内容，而且还要将查找到的内容替换为指定的内容，它是文字编辑工作中常用的操作之一，所以这里重点介绍替换操作。

在“查找和替换”对话框中选择“替换”选项卡，打开如图 2.3 所示对话框。

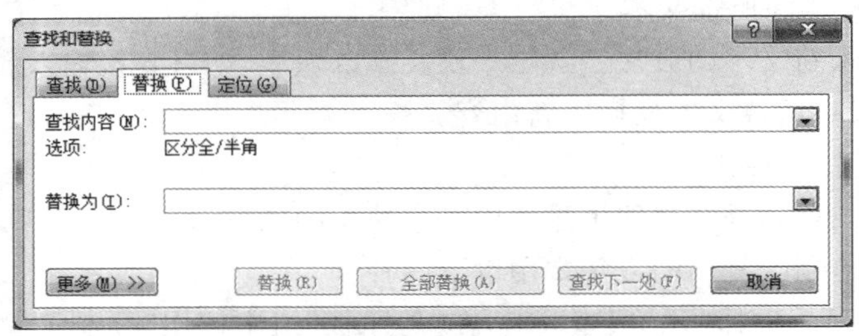


图 2.3 “查找和替换”对话框的“替换”选项卡

替换操作常常分为以下几种情况。

(1) 全部替换。在“查找内容”和“替换为”下拉列表框中输入或选取内容后，单击“全部替换”按钮将替换所有查找到的内容；若在“替换为”下拉列表框中不输入任何内容，执行替换操作后查找到的内容将被删除。

(2) 确认替换。在“查找内容”和“替换为”下拉列表框中输入或选取内容后，单击“替换”按钮，则只替换第一处查找到的内容；若交替按“查找下一处”和“替换”按钮，可有选择性地进行确认替换。

(3) 条件替换。单击“更多”按钮，出现如图 2.4 所示的“查找和替换”对话框，可以进行查找范围及条件设定，从而实现条件替换。

- 在“搜索”下拉列表框中有三个选项：“全部”为全文查找，“向上”为从当前光标位置向文首查找，“向下”为从当前光标位置向文尾查找。
- 选中“区分大小写”复选框，只搜索大小写完全匹配的字符串。
- 选中“区分全/半角”复选框，只搜索全角、半角状态完全匹配的字符串。
- 选中“全字匹配”复选框，搜索到的字必须是完整的词，而不是长单词的一部分。例如，查找“look”便不会找到“looking”。
- 选中“使用通配符”复选框，可以使用“ * ”和“?”两个通配符。
- 选中“同音(英文)”复选框，只搜索读音相同的单词。
- 选中“查找单词的所有形式(英文)”复选框，将搜索到单词的各种形式，例如动词的进行时、名词复数形式等。

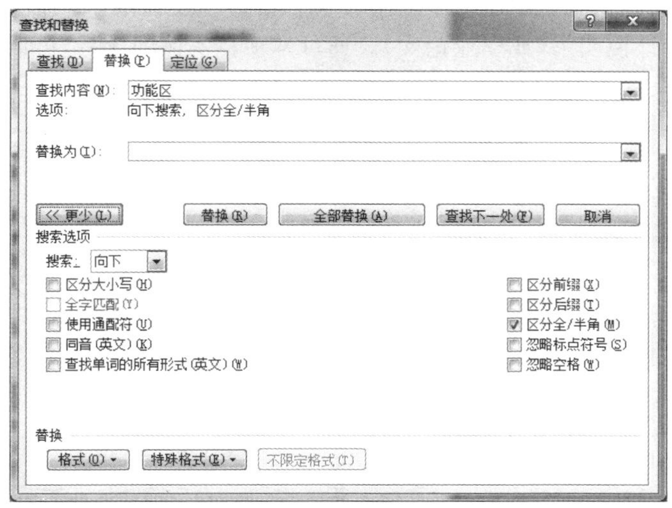


图 2.4 “查找和替换”对话框

- “格式”按钮可以设置“查找内容”或“替换为”内容的排版格式，例如字体、段落、样式等的设置。
- “特殊字符”按钮可打开“特殊字符”下拉列表框，从中选择要查找的特殊字符，所选择的字符便出现在“查找内容”或“替换为”的文本下拉列表框中，例如通配符、制表符、分栏符等。
- “不限定格式”按钮可以取消上述“格式”按钮的关于“查找内容”或“替换为”内容格式的设置。

## 2.3 项目实例：求职档案

在 2.2 节中已经学习了 Word 的基本操作，本节结合项目实例再进一步学习 Word 编辑排版的操作。

使用 Word 进行文档编辑排版的一般过程如下。

(1) 启动 Word 程序，建立新文档，进行文字的录入与编辑，插入必要的图片、文本框和表格。

(2) 通过设置必要的文本格式、段落格式、图片格式、表格格式和页面格式进行页面排版。可以使用格式刷、样式等工具来加快排版速度，提高效率。

(3) 保存文档。

### 2.3.1 项目要求

大学生求职往往需要一份介绍自己的书面材料——求职档案，撰写有说服力并能吸引他人注意力的求职档案是赢得竞争的第一步。本例主要完成求职档案中的求职信、个人简历表、毕业设计说明书(或毕业论文)。通过本项目实例的学习,可以掌握 Word 的编辑排版、表格制作、图文混排等知识点。实例效果如图 2.5 所示。

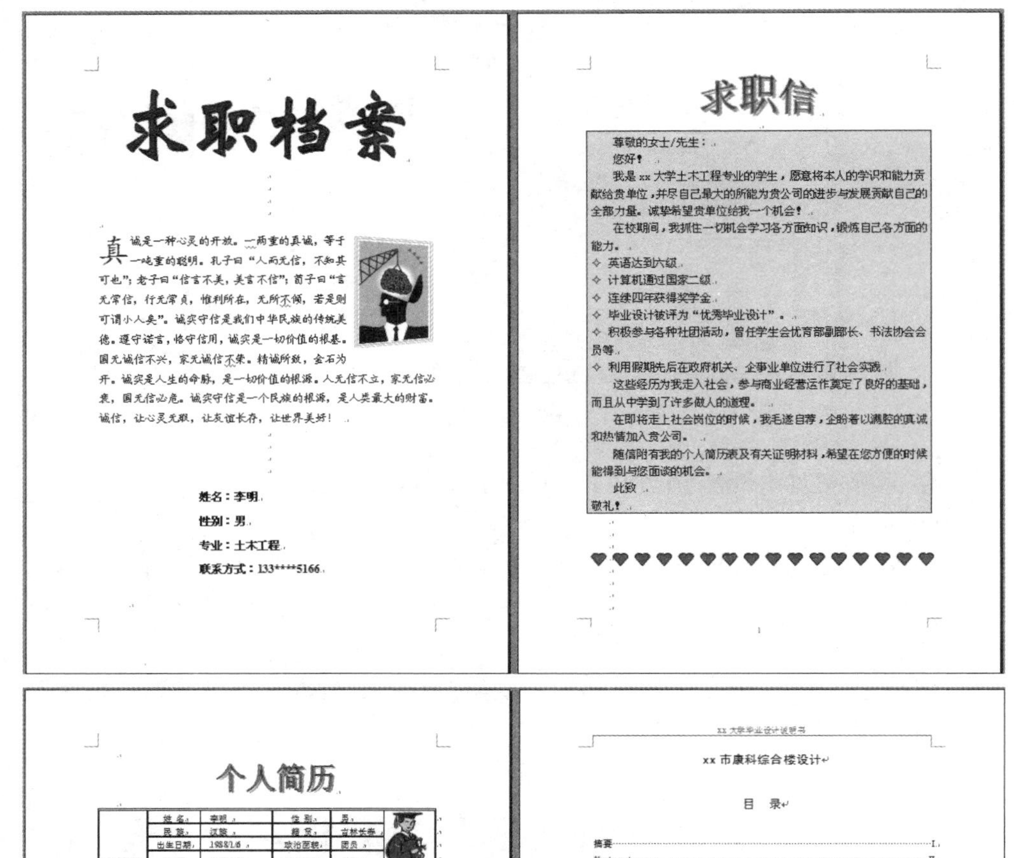


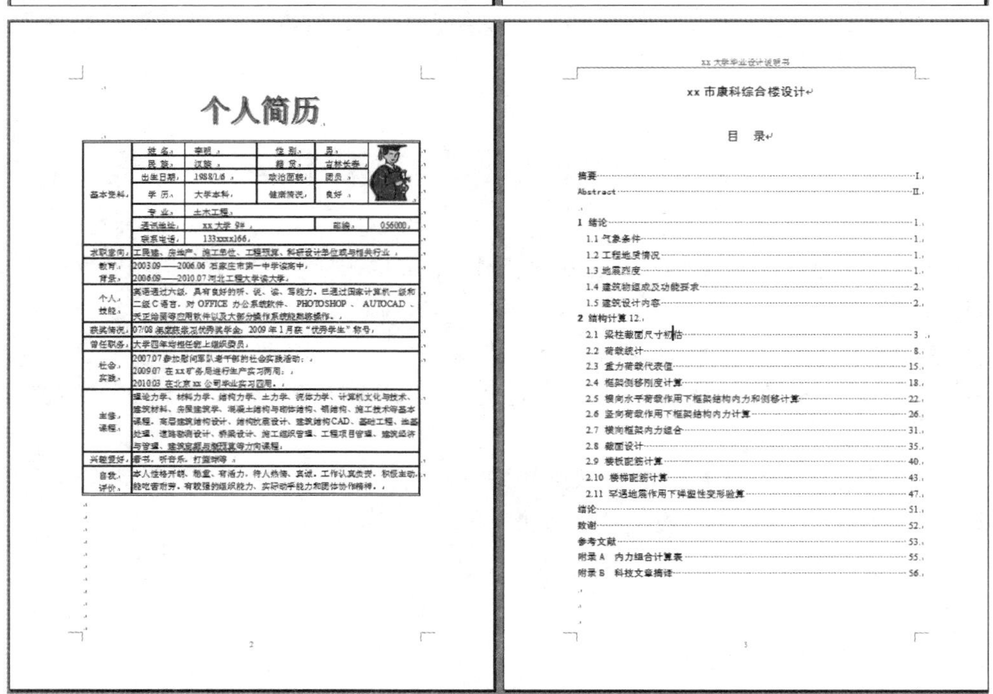


图 2.5 求职档案实例效果

## 2.3.2 项目实现

### 2.3.2.1 求职档案封面与求职信编辑排版

1. 输入文字

本项目中部分文字需要直接输入。文字录入的操作在2.1节中已经学习，输入"真诚是一种心灵的开放……"等文字。

> **想想议议**
>
> 在文字输入过程中，键盘上不能输入的字符应该通过什么方法来解决？

2. 插入文件

本项目所需其他内容已经存在于"2-Word项目素材"文件夹中的"求职信.docx"和"毕业设计说明书(节选).docx"中，在这里利用插入文件的方式将其插入到本文档中来。插入文件的操作如下。

(1) 单击需要插入文件的位置。

(2) 选择"插入"选项卡，在"文本"组中单击"对象"按钮旁边的下三角形按钮，在弹出的菜单中单击"文件中的文字"，弹出如图2.6所示的"插入文件"对话框，在对话框中选择"3-Word项目素材"文件夹中的"求职信"和"毕业设计说明书(节选)"，单击"插入"按钮将选定文件插入到文档中。

图2.6 "插入文件"对话框

3. 设置字体格式

字体格式包括文本的字体、字形、字号(即大小)、颜色、下画线等。本项目中“真诚是一种心灵的开放……”这个段落设置字体为楷体、黑色、四号字。求职信的正文字体为宋体、黑色、四号字。设置字体格式的操作如下。

(1) 选定要设置格式的文本。

(2) 选择“开始”选项卡,在“字体”组中使用相应的字体格式设置命令来完成字体格式。也可单击“字体”组右下角的“字体”对话框 进行设置,如图 2.7 所示。

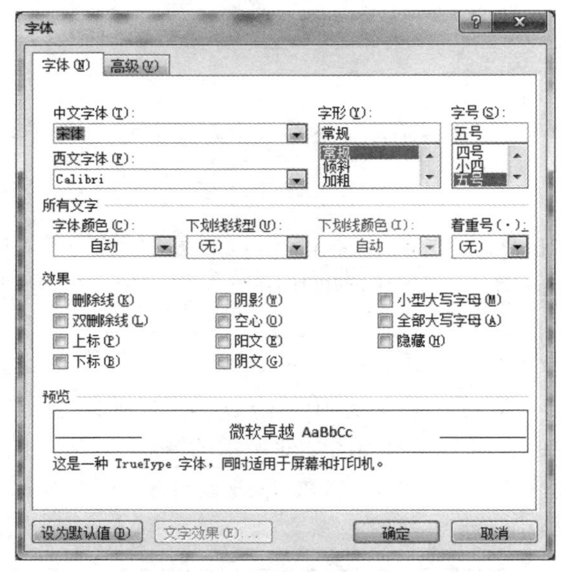


图 2.7 “字体”对话框

**注意**:字体格式排版前首先需选定要排版的文本对象,否则排版操作只是对光标处新输入的文本有效。

4. 设置段落格式

段落格式包括文本对齐方式、段落缩进、段间距、行间距等。本项目对不同页中不同段落分别有不同的段落格式要求。设置段落格式的操作如下。

(1) 选定要设置格式的段落。

(2) 选择“开始”选项卡,在“段落”组中可设置对齐、项目符号和编号等段落格式;选择“页面布局”选项卡,在“段落”组中的可设置缩进、段间距、行间距等段落格式。也可单击“段落”组右下角的“段落”对话框按钮 进行设置,如图 2.8 所示。

**说明**:

(1) 如果先定位插入点,再进行格式设置,所做的格式设置对插入点后新输入的段落有效,并会沿用到下一段落,直到出现新的格式设置为止。

(2) 对已有的某一段落进行格式设置,只需将插入点放入段落内的任意位置,不需要选中整个段落;如果对多个段落进行格式设置,应选中这些段落。

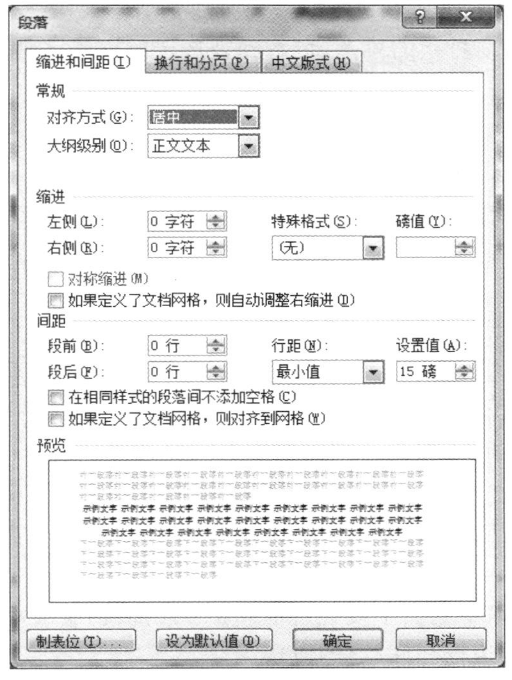


图 2.8 “段落”对话框

**想想议议**

文本对齐方式有几种？文本缩进方式有几种？如何理解段距和行距？

5. 利用格式刷复制字体格式和段落格式

当设置好某一文本块或段落的格式后，可以使用“开始”选项卡下“剪贴板”组中的“格式刷”按钮，将设置好的格式快速地复制到其他一些文本块或段落中。

(1) 复制字体格式。要复制字体格式，操作步骤如下。

- 选定已经设置好字体格式的样本文本块。
- 选择“开始”选项卡，单击“剪贴板”组中的“格式刷”按钮，此时鼠标指针变成“刷子”形状。
- 拖动鼠标以选定要排版的文本区域，可看到被选定的文本已具有了新的字体格式。

如果要将格式连续复制到多个文本块，则应将上述步骤的单击操作改为双击操作(此时“格式刷”按钮变成按下状态)，再分别选定多处文本块。完成后单击“格式刷”按钮，则可还原格式刷。

(2) 复制段落格式。由于段落格式保存在段落标记中，可以只复制段落标记来复制该段落的格式。操作步骤如下：

- 选定已经设置好段落格式的样本段落或选定该段落标记。
- 选择“开始”选项卡，单击“剪贴板”组中的“格式刷”按钮，此时鼠标指针变成“刷子”形状。

- 拖动鼠标以选定要排版的段落，可看到被选定的段落已具有了新的字体段落格式和字体格式。

**说明**：利用格式刷将段落格式复制到段落上时，既复制样本段落的段落格式，又复制样本段落的字体格式。如果将段落格式复制非段落文本块上，则只复制样本段落的字体格式，不复制样本段落的段落格式。

6. 设置首字下沉

本项目中需将段落“真诚是一种心灵的开放……”设置为首字下沉 3 行，其操作如下。

（1） 选择需要设置“首字下沉”的段落。

（2） 选择“插入”选项卡，在“文本”组中单击“首字下沉”按钮，弹出下拉菜单。

（3） 根据需要直接在菜单中选择“下沉”或“悬挂”，也可以在菜单中选择“首字下沉选项”，打开“首字下沉”对话框来设置首字下沉的字体、下沉行数及距正文的位置。

7. 设置边框和底纹

本项目中需将求职信中的文字设置边框和 10%的灰色底纹，其操作如下。

（1） 选择需要设置“边框和底纹”的段落。

（2） 选择“开始”选项卡，在“段落”组中单击“边框”的下三角形按钮。

（3） 在弹出菜单中可直接设置各边框，也可以选择“边框和底纹”命令，打开“边框和底纹”对话框进行设置，如图 2.9、图 2.10 所示。

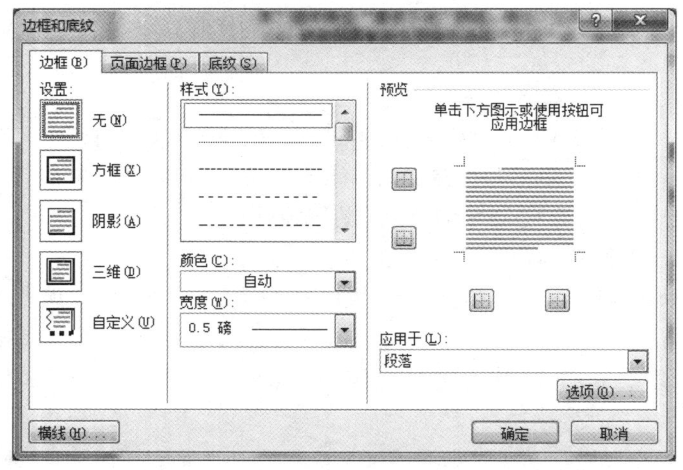


图 2.9 “边框和底纹”对话框的“边框”选项卡

**想想议议**

使用“边框和底纹”对话框中为文字、段落、单元格或表格设置边框底纹时如何操作？

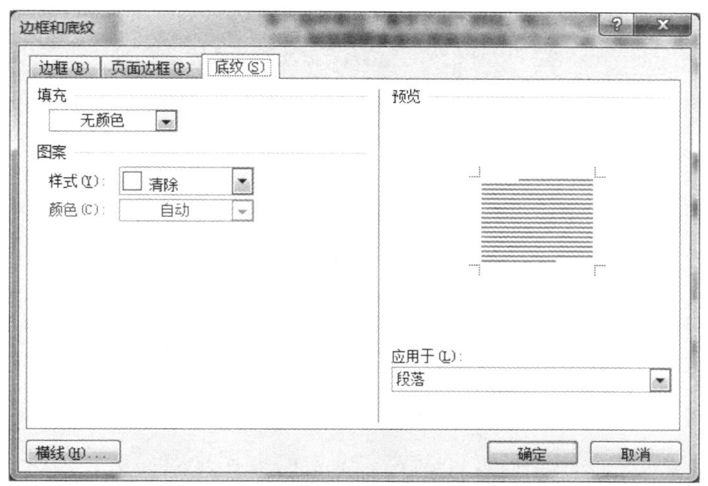


图 2.10 “边框和底纹”对话框的“底纹”选项卡

8. 设置项目符号和编号

在文档排版中，可以在段落开头加项目符号或者编号，具体操作如下。

(1) 自动创建项目符号和编号。当在段落的开头输入像“1.”“A”等格式的始编号并在其后输入文本时，回车后就会自动将该段落转换为自动编号列表，同时将下一个编号加入到下一段落的开始。

(2) 编辑项目符号和编号。本例的求职信中使用了项目符号。添加项目符号和编号操作如下。

- 选定要添加项目符号和编号的段落。
- 选择“开始”选项卡，单击“格式”组中的“项目符号”或“编号”按钮，这时出现的是当前设置的一种项目符号和编号，如需更改，可以单击两个按钮旁边的下三角形按钮，在弹出的菜单中进行设置或定义新的项目符号或编号。

9. 设置分栏

在 Word 文档中，可以将文本分成多栏显示，用户可以控制分栏栏数、栏宽及栏间距等。但要注意，只有在页面视图或打印时才能真正看到多栏排版的效果。分栏的具体操作如下。

(1) 选定需分栏的文本。

(2) 选择“页面布局”选项卡，在“页面设置”组中单击“分栏”下拉按钮，在弹出的菜单选择适当的分栏样式，或者选择“更多分栏”命令，打开“分栏”对话框，如图 2.11 所示。在此对话框中可以选择栏数，设置栏宽，加分隔线等。

10. 插入图片和文本框

Word 不仅提供了强大的文字处理功能，同时也提供了强大的图形处理功能。本项目中要求在“求职档案”“求职信”和“个人简历”中插入剪贴画、图片文件、自选图形、艺术字和图表等。Word 都把这些当作图片类对象来处理。

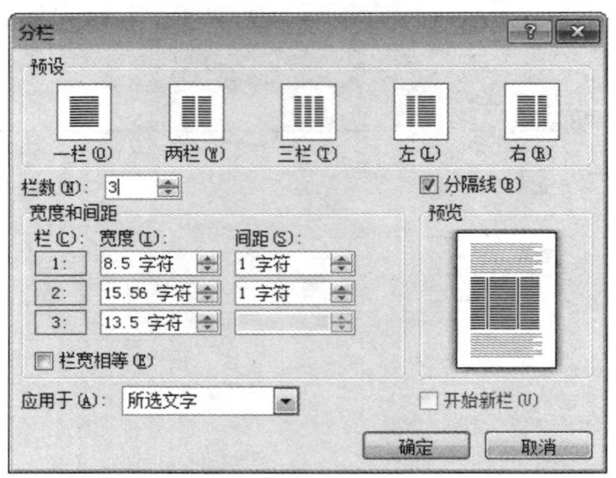


图 2.11 “分栏”对话框

(1) 插入与设置艺术字。插入和设置艺术字的操作步骤如下。

- 单击要插入艺术字的位置。
- 选择“插入”选项卡,在“文本”组中单击“艺术字”按钮,出现艺术字预设样式列表,选择所需的艺术字样式。插入点出现艺术字文字编辑框,即可直接输入艺术字。
- 选择“开始”选项卡,在“字体”“段落”组中可以像普通文字一样对艺术字设置字体、段落等格式。
- 选择艺术字对象,功能区上方会自动出现“绘图工具-格式”选项卡,选择该选项卡,在对应功能区中可以对艺术字形状格式进行设置,或者在艺术字上右击,在快捷菜单中选择“设置形状格式”命令进行设置。

(2) 插入与设置剪贴画。Word 提供了一个剪贴库,它包含了大量的剪贴画和图片,可以插入到文档中。插入和设置剪贴画的操作步骤如下。

- 单击要插入剪贴画的位置,选择“插入”选项卡,在“插图”组中单击“剪贴画”按钮,在窗口右侧出现“剪贴画”窗格。
- 在“剪贴画”窗格的“搜索文字”框中输入要查找的剪贴画主题,如“集体”,然后单击“搜索”按钮,就会在任务窗格中显示查找到的图片。直接单击要插入的图片,即可将剪贴画插入到文档中。
- 选择新插入的剪贴画,功能区上方会自动出现“图片工具-格式”选项卡,选择该选项卡,在对应功能区中可以对剪贴画格式进行设置,或者在剪贴画上右击,在快捷菜单中选择“设置图片格式”命令进行设置。

(3) 插入与设置图片文件。Word 除了允许插入剪贴库中的图片以外,还可以直接插入由其他应用程序生成的图片文件,如 *.bmp、*.wmf、*.jpg 等文件。本例在首页中插入了“3-Word 项目素材”文件夹中的图片“智慧.jpg”。插入和设置图片文件的操作步骤如下。

- 单击要插入图片的位置,选择“插入”选项卡,在“插图”组中单击“图片”按钮,弹出“插入图片”对话框。

- 在对话框中打开图片所在文件夹，选择要插入的图片后单击“插入”按钮，或直接双击要插入的图片，即可将图片插入到文档中。
- 图片格式设置的方法同剪贴画。

(4) 绘制与设置自选图形。在 Word 文档中不仅可以插入图片，还允许用户根据需要直接绘制图形。本例在求职信中插入“基本形状”的“心形”图形，并设置其填充色为红色，然后通过复制形成由 16 个心形构成的花边。绘制和设置自选图形的操作步骤如下。

- 选择“插入”选项卡，在“插图”组中单击 “形状”按钮，弹出菜单。
- 在菜单的“形状”列表中单击所需形状，鼠标移到文本区，指针呈“＋”状，按下鼠标左键拖动至所需大小，释放鼠标即可绘制出自选图形。
- 在自选图形上右击，弹出快捷菜单，在快捷菜单中选择“添加文字”命令可以给图形添加文字。
- 选择自选图形，功能区上方会自动出现“图片工具-格式”选项卡，单击该选项卡，在对应功能区中可以对自选图形的格式进行设置，或者在自选图形上右击，在快捷菜单中选择“设置自选图形格式”命令进行设置。

(5) 插入与设置文本框。使用文本框可以方便排版。本项目中在首页下方插入文本框“姓名……”，字体格式为宋体、四字、加粗、无线条颜色。插入和设置文本框的操作步骤如下。

- 单击要插入文本框的位置，选择“插入”选项卡，在“文本”组中单击 “文本框”，弹出菜单。
- 在菜单的“内置”文本框样式列表中单击所需样式，即可在插入点光标出插入文本框，也可在列表面板中选择“绘制文本框”命令自己绘制文本框。文本框插入后，可在文本框中输入文字。
- 选择文本框，功能区上方会自动出现“绘图工具-格式”选项卡，单击该选项卡，在对应功能区中可以对文本框的格式进行设置，或者在文本框上右击，在快捷菜单中选择“设置自选图形格式”命令进行设置。

(6) 多个图形对象的操作。在应用中往往要使用多个图形类对象，比如本例中就插入了剪贴画、自选图形、文本框等。这时常常需要进行多个图形类对象的对齐、叠放次序、组合等操作。要同时对多个图形对象操作，首先要选择多个对象，将被选择的图形对象的版式必须是非嵌入式状态。对多个图形对象的操作步骤如下。

- 选择多个图片对象。
- 选择“图片工具-格式”选择卡，在“排列”组中进行对齐、组合、调整叠放次序等操作，也可直接在选定的多个对象上右击利用快捷菜单进行组合、叠放次序等操作。

**说明**：插入到文档中的图形类按所处状态分为两种，即嵌入式和浮动式。嵌入式图片与浮动图片之间的转换操作为：选定图片后在“设置图片格式”对话框中的“版式”选项卡中选择即可。

### 2.3.2.2　个人简历表制作

利用表格可以简明扼要地表达内容。一个表格由若干行和列组成，行与列交叉形成单元格。可以在单元格中输入文字、数字、图片，甚至是一个表格。下面以表格形式组织个人简历的内容。

1. 建立表格

单击要插入表格的位置，选择“插入”选项卡，在“表格”组中单击“表格”，弹出“插入表格”菜单，如图 2.12 所示。接下来，在“插入表格”菜单中通常用以下几种方式建立表格。

(1) 直接利用示意框插入表格。在“插入表格”菜单的行列示意框中向右下方拖动鼠标到需要的行列数时，释放鼠标即可得到一张空表。

(2) 利用“插入表格”命令。在“插入表格”菜单选择“插入表格”命令，出现“插入表格”对话框，在行数、列数对应的数字框中输入或选择要插入表格的行列数；在“固定列宽”框中输入或选择各列的宽度，也可以根据内容或窗口调整表格。单击“确定”按钮即可建立表格。

(3) 利用“绘制表格”命令。在“插入表格”菜单选择“插入表格”命令，在文档编辑区中鼠标指针变为铅笔形状，拖动鼠标即可直接在文档中自由绘制表格。

(4) 由文本生成表格。选定要转换的文字，在“插入表格”菜单选择“文本转换成表格”命令，弹出“将文字转换成表格”对话框，如图 2.13 所示。在“文字分隔位置”栏中，选择或输入分隔符，单击“确定”按钮即可实现转换。

图 2.12　“插入表格”面板

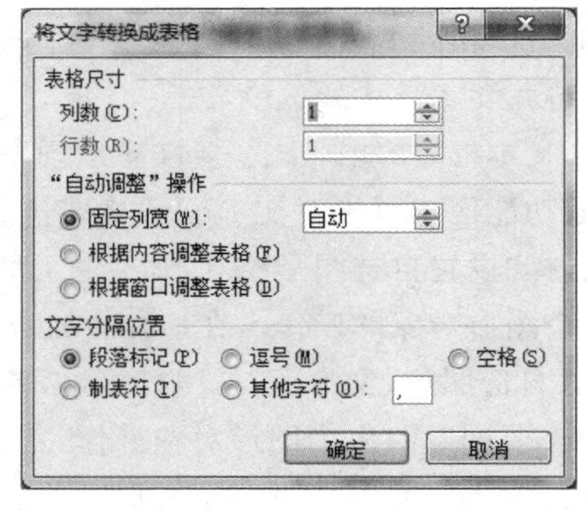


图 2.13　“将文字转换成表格”对话框

> **说明**：将已经输入的文字转换成表格时，需要先使用统一的分隔符标记每行文字中列的开始位置，使用段落标记标明表格的换行。

(5) 利用模板快速生成表格。在“插入表格”菜单选择“快速表格”命令，出现内置的表格样式列表，选择样式即可利用模板快速生成表格。

2. 编辑表格

使用以上方法，根据简历内容的需要建立了 10 行 6 列的表格，下面采用一些编辑操作，对表格进行调整。

（1）表格中区域的选定。表格操作与文档操作一样，也要“先选定，后操作”。Word提供了多种选择表格的方法，见表2.2。

表2.2 在表中选定文本

| 选定目标 | 鼠标操作 |
| --- | --- |
| 选定一个单元格 | 单击单元格左边框， |
| 选定一行 | 单击该行的左侧， |
| 选定一列 | 单击该列顶端的边框， |
| 选定多个单元格、多行或多列 | 在要选定的单元格、行或列上拖动鼠标；或者先选定某个单元格、行或列，然后按下Shift键的同时单击其他单元格、行或列，可选中连续的单元格、行或列。如果先选定一些单元格、行或列后，按住Ctrl键，再去选定另一些单元格、行或列，可选中多个不连续的区域 |
| 选定整张表格 | 单击表格左上角的⊞符号 |

（2）插入单元格，步骤如下。

- 先选定与插入数量相当的单元格。
- 在选定的单元格区域上右击，弹出快捷菜单，执行“插入”→“插入单元格”命令，在打开的“插入单元格”对话框中选择插入方式后确定即可。

（3）插入行、列，步骤如下。

- 选定表格行或列。
- 选择“表格工具-布局”选项卡，在“行和列”组中使用相关按钮可实现行或列的插入。

**说明**：如果希望在表格末尾快速添加一行，将光标移到最后一行的最后一个单元格内，按Tab键，或在行尾按Enter键。

（4）删除单元格、行、列、表格，步骤如下。

- 选定要删除的单元格、行或列。
- 选择“表格工具-布局”选项卡，在“行和列”组中单击“删除”按钮，弹出菜单，在菜单上选择不同的命令可实现单元格、行、列、表格的插入与删除。

（5）调整表格大小、行高、列宽，方法如下。

- 利用鼠标拖动快速调整。利用鼠标拖动表格任意框线，或拖动标尺上的行、列标志，可以调整表格中的行高和列宽。拖动表格右下角的表格尺寸调整标记（小方块标识），可调整表格大小。
- 利用“表格工具-布局”选项卡中的工具调整。选定行或列，选择“表格工具-布局”选项卡，在“单元格大小”组中可设定单元格高度、宽度，可自动调整表格大小，可平均分布行高与列宽，也可单击该组右下角拓展按钮，打开“表格属性”对话框进行表格、行、列和单元格设置。

(6) 合并与拆分单元格。因为本实例是个不规则的表格，所以必须进行如下的合并单元格的操作，比如，需要将每一列的第1～7行的7个单元格合并成一个单元格。具体操作如下。

- 选定将要合并的单元格。
- 选择“表格工具-布局”选项卡，在“合并”组中可合并或拆分单元格，也可对表格进行拆分。

**说明**：合并和拆分操作还可以利用“表格工具-布局”选项卡对应功能区的“绘制边框”组中的工具来实现。在该组中，单击“擦除”按钮，在要删除的表格线上拖动即可删除表格线，从而实现合并操作；单击“绘制表格”按钮，在需要拆分的单元格内拖动即可实现拆分操作。

3. 表格内容的录入与编辑

向表格输入文本的操作与在文档中的操作相同。Word把单元格中的内容看作一个独立的文本。本例输入了基本资料、求职意向、教育背景等文字内容，并插入了个人照片。

在向单元格输入内容时，可以按Tab键光标移到下一个单元格；按Shift＋Tab键光标移到前一个单元格；也可以将鼠标直接指向所需的单元格后单击。

4. 设置表格格式

表格格式主要包括表格内文本和段落的格式、对齐方式、单元格的边框和底纹、环绕等。本例设置了表格的外框线为1.5磅，内框线为0.5磅。

在操作表格时，每个单元格中的文本可以看作一个独立的文档，对其中的文本和段落的设置与前面讲述的文档设置操作相同。

(1) 表格的对齐。在Word中，表格具有浮动的功能，可以像图片一样随意移动以及进行图文混排。具体操作有以下几种方式。

- 利用鼠标拖动设置。当鼠标停在表格上时，会在表格的左上角出现移动表格标记，拖动该标记可实现表格的移动。
- 利用“段落”组的对齐按钮设置。选中整个表格，选择“开始”选项卡，在“段落”组中单击左、中、右对齐方式设置按钮，可以设置表格的对齐方式。
- 利用“表格属性”对话框设置。单击要调整表格的任意一个单元格，或选中整个表格，选择“表格工具-布局”选项卡，在“表”组中单击“属性”按钮，打开“表格属性”对话框，在该对话框中选择“表格”选项卡，可以选择对齐方式和文字是否环绕。

(2) 表格内容的对齐。右击要设置文本对齐方式的单元格，在快捷菜单中选择“单元格对齐方式”选项，在级联菜单中选择所需的对齐选项。例如“靠下居中”或“靠上右对齐”等；利用“段落”组的对齐按钮也可以设置单元格文本的对齐方式。

(3) 设置表格的边框和底纹，步骤如下。

- 选定整个表格或选定要设置格式的单元格区域，功能区上方自动出现“表格工具-设计”选项卡。

- 选择“表格工具-设计”选项卡，在“表格样式”组中单击“底纹”旁的下三角形按钮，在弹出的菜单中可进行底纹设置；单击“边框”旁的下三角形按钮，在弹出的菜单中可进行边框设置，也可在该菜单中单击“边框和底纹”，打开“边框和底纹”对话框，在该对话框中进行边框和底纹的设置。

> **想想议议**
>
> 本例使用表格表达了个人简历信息，与使用文字表达相比，有什么优缺点？讨论思考一下表格的特点和用途。

### 2.3.2.3　编排毕业设计说明书

1. 使用“样式”对文档进行编辑

在日常生活和工作中有很多长文章需要按照统一的格式进行编排，比如学生的毕业设计说明书(或毕业论文)，单位的详细工作章程等。样式是应用于文本的一系列格式组合，利用它可以快速改变文本的外观。例如，如果要使某标题醒目一些，不必分三步设置标题格式(即把字号设置为三号，字体设置为黑体，并使其居中)，只需应用系统提供的“标题”样式即可取得同样的效果。另外，用户也可以将需要重复设置的格式进行组合，并加以命名，即自己定义样式。

(1) 应用 Word 提供的样式。毕业设计说明书中用到的格式可以应用 Word 提供的样式。比如，对于章节的标题，按层次分别采用“标题 1”～“标题 3”样式；说明文字，采用“正文缩进”样式。具体操作方法如下。

- 选定要应用样式的文本。
- 选择“开始”选项卡，在“样式”组中直接选择快速样式库列表中的样式，即可给选定文本应用样式。也可单击“样式”组右下角的 ，在打开的“样式”窗格给选定文本应用样式，如图 2.14 所示。
- 单击“更改样式”按钮，在弹出菜单中选择“样式集”命令可更改文档使用的样式集，选择“字体”命令可设置文档的主题字体，选择“颜色”命令可设置文档的主题颜色，选择“段落间距”命令可设置文档的段落间距。

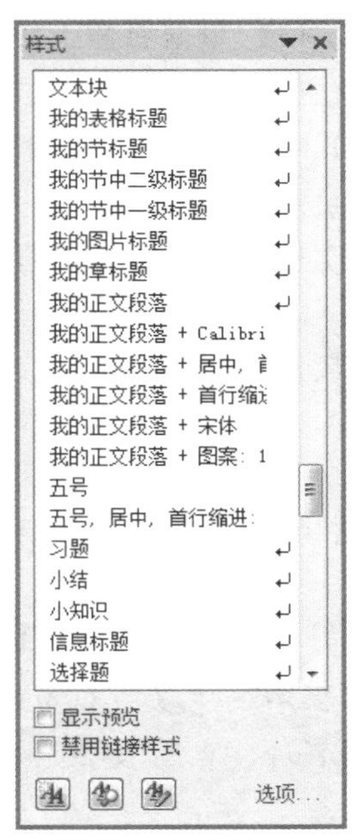

图 2.14　“样式”窗格

(2) 新建样式。用户也可以根据需要建立自己的样式，操作方法如下。

- 先设置样例文本的格式，并选定该文本或段落。
- 在上述“样式”窗格中单击“新建样式”按钮，打开“新建样式”对话框。
- 在“名称”栏内输入新建样式的名称，“样式类型”框中选择要建立的新样式类型。
- 单击“确定”按钮，退出“新建样式”对话框，这时新建样式将出现在“格式”工具栏的“样式”下拉列表框中。

(3) 修改和删除样式。在上述“样式”窗格中，鼠标指向样式列表中的任意样式，即会在右端自动出现下三角形按钮，单击该按钮，在弹出的菜单中选择“修改”或“修改样式”命令，即可弹出“修改样式”对话框，对所选样式进行修改；选择“删除”命令，即可删除所选样式。

(4) 添加样式到快速样式库。将常用样式添加到快速样式库，可直接在功能区“样式”组的快速样式库列表中使用该样式，提高录入和排版速度。

(5) 为样式定义快捷键。为常用样式定义快捷键，就能避免频繁使用鼠标操作，方法为：在上述“修改样式”中单击“格式”按钮，选择“快捷键”选项，显示“自定义键盘”对话框。此时在键盘上按下希望设置的快捷键，例如 Ctrl＋1，在“请按新快捷键”设置中就会显示快捷键。注意不要在其中输入快捷键，而是应该按下快捷键。单击“指定”按钮，快捷键即可生效。

**2. 使用模板**

同一类型的文档往往具有相同的格式和结构，使用“模板”可以大大加快创建新文档的速度。Word 已经为用户提供了丰富的模板，此外，还可以自己创建新的模板。以创建毕业设计说明书模板为例，方法如下。

先打开一个已排好版的毕业设计说明书，在“文件”选择卡对应功能区中选择“另存为”命令，在“另存为”对话框中的“保存类型”中选择“Word 模板”。

**3. 插入数学公式**

在毕业设计说明书中，会输入各种各样的数学公式，这样公式不能从键盘直接输入，而 Word 提供的公式编辑器就能以直观的操作方法帮助用户快速生成各种公式。在文档中插入数学公式的操作如下。

(1) 单击要插入数学公式的位置。

(2) 选择“插入”选项卡，在“符号”组中单击“π”按钮，可直接在文档中新建一个数学公式对象，同时自动切换到“公式工具-设计”选项卡对应的功能区，可利用“结构”组的工具自定义公式结构，利用“符号”组的工具插入公式所需符号，如果符号(如数字和字母)能够直接从键盘输入则直接输入。

(3) 在上述“符号”组中单击“公式”按钮，则会弹出菜单，在菜单的公式模板列表中可直接选择一个模板在文档中创建数学公式。

(4) 公式插入文档后，可以进行复制、粘贴和删除，可以设置字体和段落格式。

如果需要修改公式，可选定要编辑的公式，选择“公式工具-设计”选项卡，利用“符号”“结构”组中的工具进行编辑。

**说明**：如果在当前使用的 Word 中没有安装公式编辑器，可执行“控制面板”→“程序”→“程序和功能”，在“卸载或更改程序”的程序列表中找到并选中 Microsoft Office，单击“更改”按钮，随后按照屏幕上的提示进行操作即可。

4. 使用文档检查技术进行审校

Word 中提供了一些编辑和审校工具，可以帮助用户进行拼写检查、字数统计、自动更正等工作，并且可以在任意视图中工作。

(1) 拼写和语法检查。在 Word 中，既可以检查英文拼写错误，也可以进行简体中文的校对，但在对中文的校对中，会存在漏判和误判现象。具体操作如下。

- 选定要进行拼写和语法检查的文本。若不选定文本，将对全部文本进行检查。
- 选择"审阅"选项卡，在"校对"组中单击"拼写和语法"按钮，打开"拼写和语法：中文(中国)"对话框，如图 2.15 所示，可对文档内容进行检查，报告错误并给出修改建议，用户可以忽略也可以根据建议进行更正。

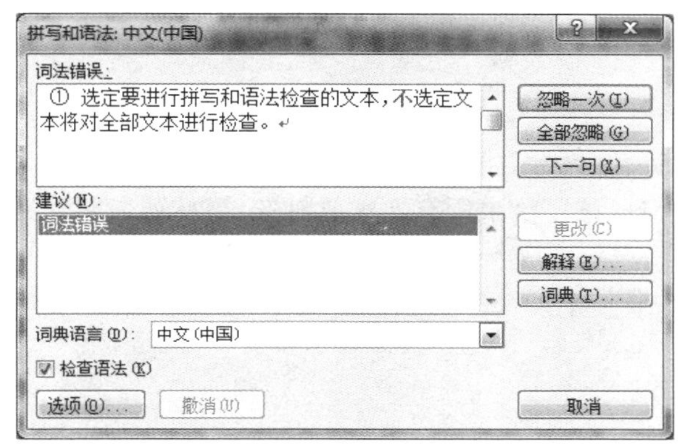


图 2.15 "拼写和语法：中文(中国)"对话框

(2) 字数统计，方法如下。

- 选定要进行统计字数的文本，不选定文本将对全部文本进行统计。
- 选择"审阅"选项卡，在"校对"组中，单击"字数统计"按钮，可对文本进行字数统计。

(3) 自动更正功能。Word 提供的自动更正功能可以帮助用户更正一些常见的错误，用户可以事先告诉系统这些错误，让系统记忆后自动更正。自动更正选项可以在"Word 选项"对话框中进行设置。

5. 利用制表位制作简易列表

在 Word 中，不使用表格也可以制作简易的列表。制作简易列表需要为段落设置制表位，以便让各列表的各列文本在制表位处对齐。具体操作如下。

(1) 选定要设置制表位的段落。

(2) 选择"开始"选项卡，单击"段落"组右下角"段落"对话框按钮 ，打开"段落"对话框，在该对话框左下角单击"制表位"按钮，打开"制表位"对话框，如图 2.16 所示。

(3) 在"制表位"对话框中输入制表位位置、选择对齐方式和前导符，单击"设置"按钮即可设置一个制表位，若单击"清除"或"全部清除"按钮，是可清除当前制表位或全部制表位。按同样的方法设置所有制表位后，单击"确定"按钮。

(4) 在段落的每一行上，将插入点光标定位在需要对齐到制表位的文本前，按 Tab

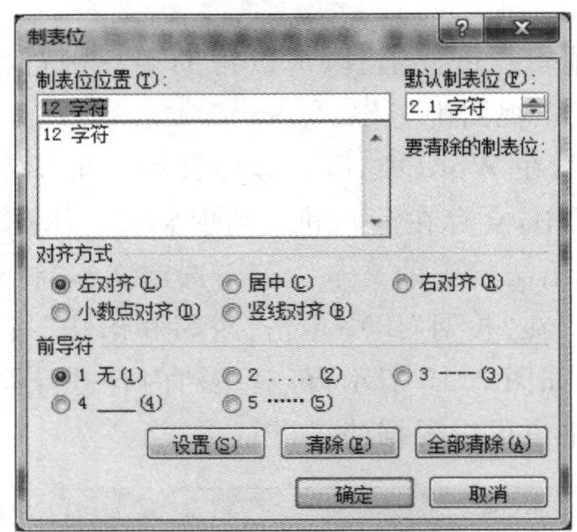


图 2.16 “制表位”对话框

键插入制表符编辑标记,则光标之后的文本自动按设定的对齐方式对齐到右侧最近的制表位处。重复此操作完成该段落中所有文本的对齐,简易列表制作完成。

**说明**:制表位也可以利用水平标尺直接设置。水平标尺上的刻度线是系统默认的制表位,按 Tab 键可以使文本直接在刻度线处对齐。

6. 整理目录

毕业设计说明书中都有一个目录,目录中列出每个章节的名称及其在毕业设计说明书中的页码,如果手工录入这个目录,随着内容增删和修改,目录的维护工作量很大,而且一不小心就会发生错误。Word 提供了自动生成目录功能,并能随着内容的增删和修改自动更新目录,大大减少手工录入和维护的工作量。具体操作如下。

(1) 为文档设置“标题 1”“标题 2”等各级标题样式和格式。

(2) 单击需要插入目录的位置。

(3) 选择“引用”选项卡,单击“目录”组中的“目录”按钮,在弹出的菜单中可直接选择内置的目录样式生成目录,也可在菜单中单击“插入目录”,打开“目录”对话框,如图 2.17 所示,在“目录”选项卡下进行目录的自定义设置。

(4) 文档各级标题或内容改变后,单击前述“目录”组中的“更新目录”按钮,或按 F9 键,可打开“更新目录”对话框,选择更新方式对目录进行更新。

(5) 如果要删除目录,单击前述“目录”菜单中的“删除目录”按钮即可完成。

7. 设置页眉、页脚和页码

页眉是显示在上页边距空白处的文字,页脚是显示在下页边距空白处的文字。最简单的页眉和页脚每页都相同,其设置操作如下。

(1) 选择“插入”选项卡,单击“页眉和页脚”组中的“页眉”按钮,在弹出的内置页眉样式列表中选择页眉样式可直接插入页眉,然后在页眉中输入文字即可。

(2) 页眉插入后,单击前述菜单中的“编辑页眉”按钮可对页眉进行编辑,单击前述菜单中的“删除页眉”按钮可删除页眉。

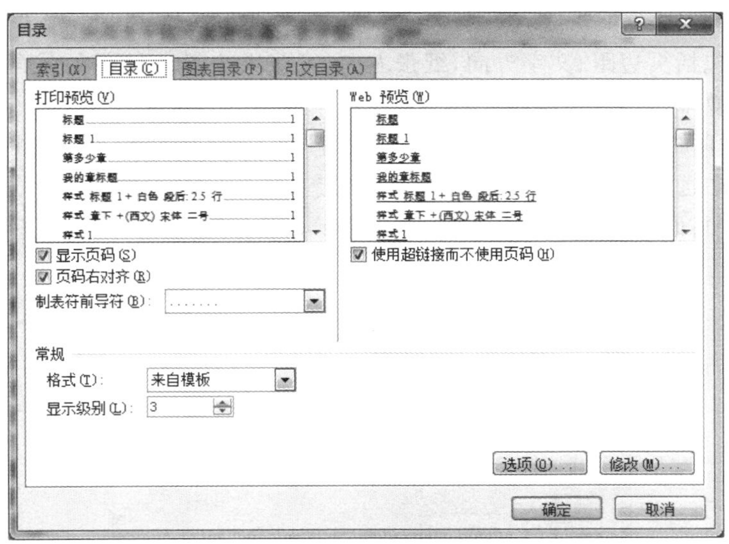


图 2.17 “目录”对话框

(3) 插入页脚操作与插入页眉类似,不再重复。

在毕业设计说明书,对页眉的要求比较复杂,每章内容可能会使用不同的页眉,而且奇数页和偶数页上的页眉内容也不同。比如,在每章内容的奇数页页眉处显示毕业论文的题目,偶数页页眉处显示本章标题,而每章页脚处可能统一要求显示页码。这就需要在设置页眉和页脚前先将各章内容分节,并设置奇偶页页眉不同。复杂页眉和页脚的设置操作如下。

(1) 为文档插入分节符。插入点光标定位在任意一章内容开始位置,选择“页面布局”选项卡,在“页面设置”组中单击“分隔符”按钮,在弹出的菜单中选择“分节符”列表中的“下一页”分节符,则在当前位置插入一个分节符。用此方法在每章内容前插入分节符。

(2) 用简单页眉制作的方法插入页眉,此时自动切换到“页眉和页脚工具”→“设计”选项卡对应功能区。如果文档每节中首页、奇数页、偶数页分别需要使用不同的页眉,则在“选项”组中选中“首页不同”和“奇偶页不同”复选框,然后在“导航”组中浏览并编辑各节的首页、奇数页、偶数页页眉。系统默认当前节页眉与上一节相同,直接在本节编辑页眉会影响上一节已经设置好的页眉,因此,如果本节需要不同于上一节的页眉,需要先在“导航”组中单击“链接到上一节页眉”按钮,取消与上一节的链接后再编辑本节页眉。

(3) 利用“导航”组中的“转到页脚”按钮可切换到页脚编辑。单击“页眉和页脚”组中的“页码”按钮,在弹出的菜单选择“当前位置”和页码样式插入页码。在“导航”组中单击“上一节”“下一节”按钮浏览各节首页、奇数页、偶数页页脚并插入页码。因为要求各节页码格式统一,所以要各节页脚要保持“链接到上一节”,这样第 1 节设置完毕后其他节自动生成相同格式页码。

**想想议议**

本例中,页码是从第 2 页开始设置的,而页眉是从第 3 页开始设置,这个问题如何解决?

### 8. 页面设置

页面设置包括页边距、文字方向、纸张方向、纸张大小等。只有在页面视图下才能看到页面设置的效果。具体操作如下。

(1) 选择“页面布局”选项卡,单击“页面设置”组中的“页边距”按钮,在弹出菜单的页边距样式列表中选择一个页边距样式,即可设定页边距。也可在菜单中选择“自定义边距”命令,打开“页面设置”对话框,如图 2.18 所示,在“页边距”选项卡中进行上、下、左、右边距和装订线位置设置。

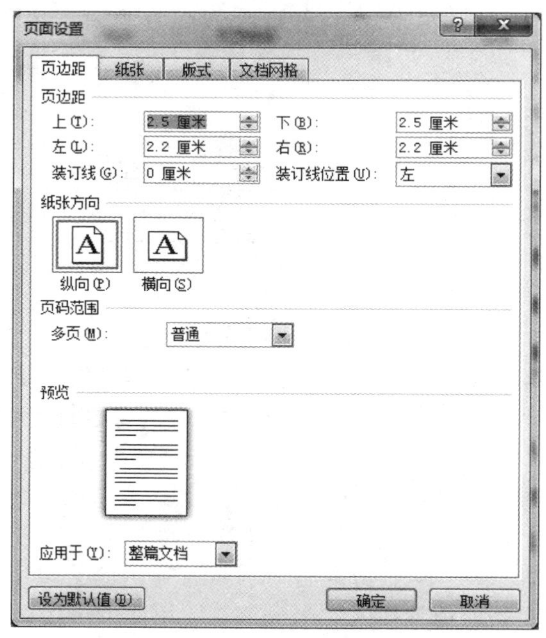


图 2.18 “页面设置”对话框

(2) 在前述“页面设置”组中单击“文字方向”按钮,在弹出的菜单中可设置文档中文字的方向为水平或垂直。

(3) 在前述“页面设置”组中单击“纸张方向”按钮,在弹出的菜单中可设置纸张的放置方向为水平或垂直。

(4) 在前述“页面设置”组中单击“纸张大小”按钮,在弹出菜单的纸张规格列表中选择纸张大小,也可单击“其他纸张大小”按钮,打开“页面设置”对话框,在“纸张”选项卡中自定义纸张大小。

### 9. 打印

文档编辑完成后,在页面视图下看到的即为打印出来的效果,如果排版符合打印要求,就可以打印输出。具体操作如下。

(1) 选择“文本”选项卡,单击“打印”按钮,窗口中部和右部出现打印设置窗格和打印预览窗格。

(2) 在打印设置窗格中输入打印份数,并设置打印页数范围,选择发送到打印机,即可将文档打印输出。

## 2.3.3 项目进阶

1. 利用对象的嵌入与链接技术,达到图文声像并茂的效果

如果在求职档案中加入其他应用程序创建的对象,比如 AutoCAD 图形、音乐等文件,将使其内容更丰富诱人。这可以使用对象的嵌入与链接技术来实现。

对象的嵌入与链接又称为 OLE。嵌入和链接的主要区别在于数据的存放位置以及在将其插入目标文件后的更新方式不同。

链接对象是指在修改源文件之后,链接对象的信息会随着更新。链接的数据只保存在源文件中,目标文件中只保存源文件的位置,并显示代表链接数据的标识。如果需要缩小文件大小,应使用链接对象。

嵌入对象是指即使更改了源文件,目标文件中的信息也不会发生变化。嵌入的对象是目标文件的一部分,而且嵌入之后,就不再和源文件发生联系。双击嵌入对象,将在源应用程序中打开该对象。

嵌入对象操作,操作如下。

(1) 单击文档中要放置嵌入对象的位置。

(2) 选择“插入”选项卡,在“文本”组中单击“对象”按钮,弹出“对象”对话框。

(3) 选定嵌入对象,有以下两种情况。

- 第一种情况是嵌入新建对象。具体操作如下。
  - 选择“新建”选项卡,如图 2.19 所示,在“对象类型”框中选择要创建的对象类型。

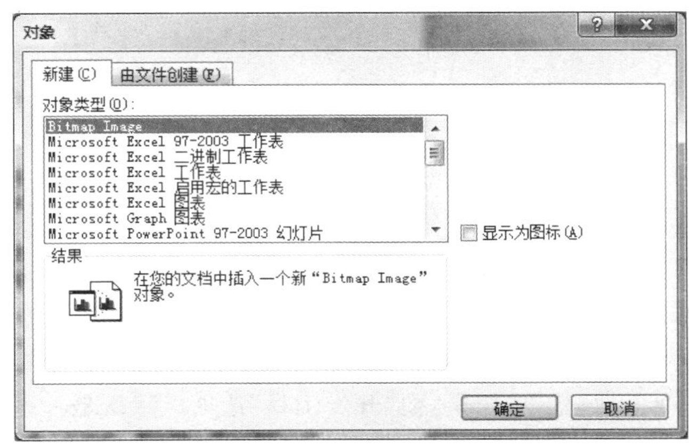


图 2.19 “对象”对话框的“新建”选项卡

  - 如果选中“显示为图标”复选框,嵌入对象不显示内容,而以图标的形式显示在目标文档中。
  - 单击“确定”按钮,选定的应用程序被打开,即可创建新对象。

**注意**：只有安装在计算机上，并支持链接和嵌入对象的程序才会出现在“对象类型”框中。

- 第二种情况是嵌入已存在的对象。具体操作如下。
  - 选择“由文件创建”选项卡，如图 2.20 所示，在“文件名”框中输入要创建嵌入对象的文件名称，或单击“浏览”按钮，在“浏览”对话框的列表中选定文件。
  - 根据需要对“显示为图标”复选框进行选择。
  - 单击“确定”按钮，则选定的文件嵌入到当前文档。

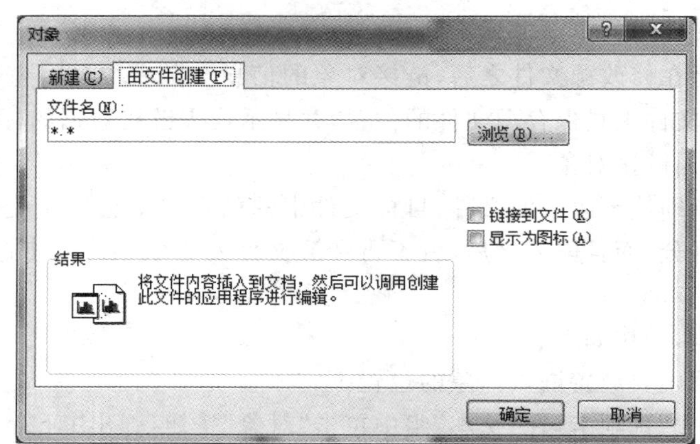


图 2.20 “对象”对话框的“由文件创建”选项卡

链接对象与嵌入已存在对象的操作相似。不同之处是：创建链接对象时，需在“由文件创建”选项卡中选中“链接到文件”复选框；如果不选中“链接到文件”复选框，将创建嵌入对象。

**想想议议**

OLE 技术具有哪些优点与缺点？

2. 利用宏操作提高工作效率

如果需要在 Word 中反复进行某项工作，可以利用“宏”来自动完成，以替代人工进行的一系列费时而单调的重复性操作。“宏”是将一系列的 Word 命令和指令组合在一起，形成一个可执行的 VBA 代码，以实现任务执行的自动化。在 Word 中，宏操作相关的命令在“开发工具”选项卡的“代码”组中，而“开发工具”选项卡默认是不显示的，因此首先打开“Word 选项”对话框，如图 2.21 所示，在“自定义功能区”设置的主选项卡列表中选中“开发工具”选项卡，使 Word 窗口中出现“开发工具”选项卡。

(1) 宏的录制。宏录制器可以帮助用户创建宏。当录制一个宏时，可以使用鼠标单击命令和选项，但是宏录制器不能录制鼠标在文档窗口中的移动，必须用键盘来记录这些动作。在录制宏的过程中可以暂停录制，随后再从暂停位置继续录制。

录制宏的具体步骤如下。

图 2.21 “选项”对话框的“自定义功能区”设置

- 打开宏录制器。选择“开发工具”选项卡，在“代码”组中单击“录制宏”按钮，打开“录制宏”对话框，如图 2.22 所示。

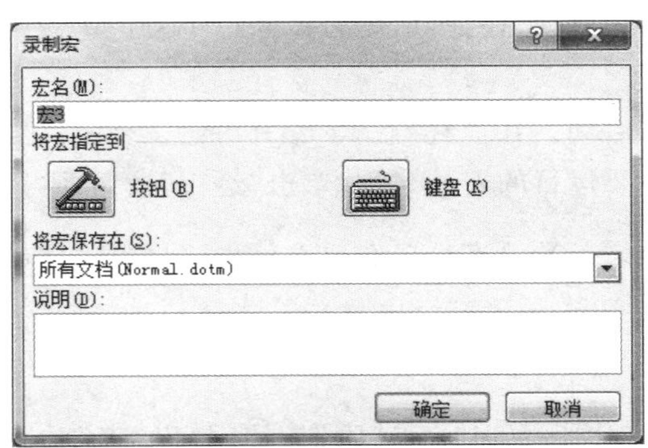


图 2.22 “录制宏”对话框

- 指定宏名。在“宏名”框中，输入要录制的宏的名称。宏名要以字母开头，只能包含字母和数字，长度不得超过 32 个字符。
- 确定宏的保存模板。在“将宏保存在”下拉列表框中，选择要用来保存宏的模板或文档。Word 默认将宏存储在 Normal 模板内，这样每个 Word 文档都可以使用它。如果是录制在指定文档中使用的宏，则在该选项中选择存储宏的文档。必要时，在“说明”框中，输入对宏的说明文字。

- 指定宏的录制方式。在宏的录制器中，可以指定宏的录制方式。有以下三种选择。
  - 如果不将宏指定到按钮、键盘上，可直接单击"确定"按钮开始录制宏。
  - 如果将宏的运行指定到按钮，可单击"录制宏"对话框中的"按钮"按钮，在打开的"Word 选项"对话框中，将创建的宏添加到快速访问工具栏中，单击"确定"按钮进入录制宏状态，录制完成后在"快速访问工具栏"中增加了一个宏操作按钮。
  - 如果要给宏指定快捷键，可单击"录制宏"对话框中的"键盘"按钮，在打开的"自定义键盘"对话框中为当前要录制的宏指定快捷键，单击"关闭"按钮进入录制宏状态。
- 录制宏。开始执行要包括在宏中的操作。宏录制器将把这些操作录入宏，直到单击"停止录制"按钮停止宏的录制。

**注意**：在录制宏时，可用鼠标单击命令和选项。但是，宏录制器不能录制鼠标在文档窗口中的运动。在录制移动插入点，或者选定、复制及移动文本等操作时，必须使用快捷键操作。

(2) 停止和暂停录制宏。在录制宏状态下，要停止录制宏，可在前述"代码"组中单击"停止录制"按钮；要暂停录制，可在前述"代码"组中单击 "暂停录制"按钮，即可执行其他不想录制在宏中的操作；要继续录制时，再单击"恢复录制"按钮。

(3) 运行宏。运行宏就是将录制在宏中的操作重新回放。

- 运行已设置启动方式的宏。在录制宏的操作中，如果已经指定运行宏的方式，如指定到快速访问工具栏、快捷键，则可以通过单击快速访问工具栏按钮、按键盘快捷键来启动运行宏。
- 利用"宏"对话框启动。在前述"代码"组中单击"宏"按钮，弹出"宏"对话框，选择"宏名"列表框中要运行的宏的名称，单击"运行"按钮即可启动运行宏。

**注意**：要运行的宏如果没有出现在列表框中，则需从"宏的位置"列表框中选择其他文档、模板或列表。

(4) 编辑和删除宏。

- 编辑宏。在前述"代码"组中单击"宏"按钮，弹出"宏"对话框，在"宏名"框中选择要编辑的宏的名称，单击"编辑"按钮，即可在"Visual Basic 编辑器"中打开选定的宏，进行修改。如删除不必要的步骤，重命名或复制单个宏，或添加在 Word 中无法录制的指令。在"Visual Basic 编辑器"中对过程和宏方案所做的修改将反映在 Word 的"宏"和"管理器"对话框中。

**说明**：编辑宏操作需要用户掌握一定的 Visual Basic 程序设计语言基础知识。

- 删除宏。单击前述"代码"组中的"宏"按钮，弹出"宏"对话框，在"宏名"框中选择要删除的宏的名称，单击“删除”按钮即可删除宏。

**说明**：要删除多个宏，可在按下 Ctrl 键后再单击“宏名”框中要删除的各个宏，然后单击“删除”按钮。

**想想议议**

总结宏的用途。

### 2.3.4 项目交流

(1) 总结 Word 的应用特色。

(2) 除了 Word 以外，你还了解哪些文字处理软件？这些软件的制作流程是否相同？国产软件的发展出路和前景在哪里？

分组进行交流讨论会，并交回讨论记录摘要，记录摘要内容包括时间、地点、主持人(即组长，建议轮流当组长)、参加人员、讨论内容等。

## 2.4 实验实训

### 2.4.1 Word 文档编辑排版及表格基本操作

#### 2.4.1.1 实验实训目标

1. 实验目标

(1) 掌握 Word 的文本的输入、编辑和排版操作。

(2) 了解样式、格式刷、文档模板在编辑排版中的意义及使用方法。

(3) 掌握 Word 的表格创建、表格编辑、表格格式设置的操作。

(4) 掌握 Word 表格元素的录入、编辑等操作。

2. 实训目标

培养根据需要编辑排版及设计制作表格的 Word 文档处理能力。

#### 2.4.1.2 主要知识点

(1) Word 的启动与退出

(2) 文档的基本操作：文档的新建、打开、保存、另存为和关闭等。

(3) 字符录入：输入文本、标号符号、特殊字符等。

(4) 文档的编辑操作：文本的选择、删除、复制和移动、查找与替换等。

(5) 文档的美化操作：字符格式、段落格式、边框和底纹、页面格式设置等。

(6) 创建表格：插入规则表格、手动绘制不规则表格及利用模板等。

(7) 表格的美化操作：表格行高/列宽的调整、合并/拆分单元格、单元格格式及表格格式设置等。

### 2.4.1.3 基本技能实验

**1. 文档基本编辑**

(本题使用"文字处理 1\基本技能实验\1"文件夹)

打开 Word1_ jbjn1. docx 文档，完成以下任务后将文档以原文件名保存。

> **提示**：一般地，应用程序(如 Word、Excel 等)默认保存文件的位置都在"库"→"文档"→"我的文档"文件夹。保存的文档类型默认是. docx。用户可根据需要改变文档的保存路径或改变文件名及类型。

(1) 给文档内容添加标题为"Window XP 发展史"。

> **提示**：光标移到第一自然段的行首，然后按回车键，出现一个空行，接着输入标题内容。

(2) 在文档最后另起一段，插入文件"Windows XP. docx"的内容。

> **提示**：单击"插入"选项卡"文本"组中的"对象"下拉按钮，选择"文件中的文字…"命令。

(3) 设置页面：16 开，纵向；上、下页边距为 2.5 厘米，左、右页边距为 2 厘米；每页为 40 行，每行字符数为 35 个字符。

> **提示**：打开"页面设置"对话框，单击"文档网格"选项卡，选中"网格"选项组中的"指定行和字符网格"单选按钮，可设置每页多少行，每行多少个字符。

(4) 设置大标题格式：中文黑体、英文 Arial，全部四号字，居中对齐。

> **提示**：打开"字体"对话框，再单击"字体"选项卡。

(5) 利用查找和替换功能：将正文所有的手动换行符替换为段落标记(注意：文档中不允许有空行)。

> **提示**：按 Ctrl＋H 或 Ctrl＋G 键可快速打开"查找和替换"对话框。连续两个手工换行符替换成一个段落标记。

(6) 除大标题外，全文设置首行缩进 2 字符；行间距最小值 16 磅。

**提示：**

① 度量单位的使用。如所示，如果当前所用度量单位不符合需要，可以直接输入其他合法的单位，如：设置首行缩进 2 字符或 0.74 厘米，可直接在度量值处输入“2 字符”或“0.74 厘米”。

② 固定值：需要自己设定，固定不变的一个行间距，不会因字号的大小发生变化。最小值：行距不小于此值，可随字号的变大而自动加大。

(7) 设置第二段边框和底纹：0.5 磅蓝色单线边框，“白色，背景 1，深色 15%”的底纹。

**提示：**单击“开始”选项卡，再单击“段落”组中的“边框”下拉按钮，选择“边框和底纹”命令。

(8) 设置分栏：第三段起所有文本分两栏，栏宽相等，加分隔线。

**提示：**如对文档中的一部分进行分栏，首先要选中该部分，然后进行分栏设置。

(9) 设置页面颜色：将整个文档页面主题颜色设置为“蓝色，强调文字颜色 5，淡色 60%”。

**提示：**如果想打印预览和打印文档的背景色或背景图片，则在“Word 选项”对话框中单击“选项”选项卡，选中“显示”选项组中的“打印背景色和图像”复选框。

(10) 设置页眉页码：页眉内容为“Windows XP 发展过程简介”，页眉顶端距离 1.2 厘米；页码在页面底端，数字格式为“-数字-”，如-1-、-2-样式，对齐方式为“居中”。

**提示：**在页眉页脚编辑状态下，可同时文档的水印进行编辑，如调整水印的大小、位置等。

(11) 通过 Word 的打印预览功能查看以上设置效果。

**提示：**打印文档通常是文字处理的最后一步。在打印文档之前，通过打印预览查看文档可以避免打印后才发现的错误。按 Ctrl+F2 键也可快速进入打印预览窗口。

**2. 表格创建、编辑和设置**

(本题使用“文字处理 1\基本技能实验\2”文件夹)

在新建空文档中完成以下任务，将文件保存为 Word1_jbjn2.docx。

(1) 在文档中插入 4 行 6 列的表格。

**提示**：利用鼠标拖动法或定制法来快速创建此表格。

(2) 设置行高和列宽：第 1、2、3、4 行的行高均为最小值 1 厘米；第 1、2、3、4、5、6 列的列宽分别设置为 1.3、2、1.3、1.3、2、3 厘米。

**提示**：光标定位到表格中，使用"表格属性"对话框。

(3) 表格在页面位置：水平居中。

**提示**：光标定位到表格中，使用"表格属性"对话框。

(4) 按图 2.23 所示合并单元格，并在相应的单元格中输入文字。表格内文字设置为五号、楷体、中部居中。

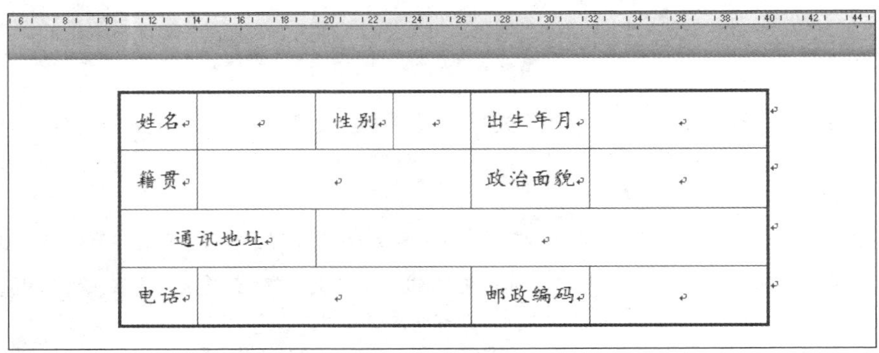


图 2.23 合并单元格并输入文字后的效果

**提示**：选定表格，单击"表格工具-布局"选项卡，再单击"对齐方式"功能组中相应"水平居中"按钮，可实现表格元素中部居中对齐。

(5) 设置表格线，其中外侧框线：第一种线型，蓝色，1.5 磅；内侧框线：第一种线型，蓝色，0.5 磅。

**提示**：边框设置常用方法有，使用"表格工具-设计"选项卡，或使用"边框和底纹"对话框。

操作完成后的效果参考如图 2.23 所示。

小贴士：

(1) 绘制多根斜线表头时，只能手动画。

操作方法：执行“插入”选项卡“插图”组中的“形状”按钮，产生下拉列表，在列表中选择“线条”中“直线”，然后画出多根斜线。

(2) 编辑斜线表头内容时，可以通过文本框、自选图形完成。

(3) 表格拆分除了上下拆分外，也可左右拆分。

操作方法：在要拆分的地方增加新的列，选中该列，执行“设计”选项卡“绘图边框”组中的“擦除”按钮，然后擦除该列表格线即可。

(4) 合并上下表格，单击两个表格中间空白处，按 Delete 键即可。

(5) 对同一表格多页显示同一标题问题。

操作方法：选中表格标题行或将光标定位在标题行的单元格内，单击“布局”选项卡“数据”组中的“重复标题行”按钮，可快速实现同一张表格在多个页面重复显示标题行。但对于被强制拆分的表格或者多个表格无效。

(6) 将文本转换为表格前，文本中必须要有分隔符。如果没有，在转换前，可以手动进行添加，使用英文逗号或空格或制表符或回车符进行分隔。

(7) 在插入行和列之前，需要先选择插入位置，插入行和列的位置可以是一个单元格，也可以是一行或一列。当用户选中多行或多列时就会在表格中间插入和选定数量一样的行和列。

(8) 使用 Backspace 退格键可快速删除选中的行或列。

#### 2.4.1.4 综合实训项目

科技论文排版(本题使用“文字处理 1\综合实训项目\1”文件夹)

科技工作者应具备将自己的工作成果在期刊上发表为论文的能力。每种期刊都有自己固定的论文排版格式要求，包括页面格式、页眉页脚、大标题、小标题、正文、摘要、目录、参考文献等不同部分的字体格式、段落格式，编号规则、表格格式等。一般来说，一种期刊的论文排版格式要求在该期刊的网站提供下载，请尝试从网上查找并下载一种期刊的论文排版格式要求，并利用该格式要求对文档 Word1_zhsx1.docx 中的论文进行排版。请在论文最后注明你所用的是哪种期刊的论文格式要求。

小贴士：

(1) 样式是指一组已经命名的字符和段落格式，使用样式可以提高排版效率。

(2) 样式设为自动更新后，修改任意一个设置了样式的文本或段落的格式，其他设置了相同样式的文本或段落会同步更新格式。

(3) 论文中引用的参考文献等的书写，可使用脚注和尾注。脚注和尾注是对文本的补充说明。脚注一般位于页面的底部，可以作为文档某处内容的注释；尾注一般位于文档的末尾，列出引用其它文章的名称等。

可执行“引用”→“脚注组”右下角按钮，打开“脚注和尾注”对话框，为文档插入注释信息。在此对话框中选择“脚注”选项，可以插入脚注；选择“尾注”选项，则插入尾注。

注意：**脚注与尾注不属于正文，要单独选定设置格式。**

### 2.4.1.5 实训拓展项目

1. 个性日历制作

（本题使用“文字处理 1\实训拓展项目\1”文件夹）

利用“日历”模板制作漂亮的个性日历送给朋友，文档保存为 Word1_sxtz1.docx。

小贴士：

在“Office.com 模板”列表框中，可以选择多种类型的文档，如会议议程、证书和奖励、名片模板等，也可以根据自己的需要制作个性化的日历。

2. 制作课程表

（本题使用“文字处理 1\实训拓展项目\2”文件夹）

制作本班、本学期的课程表，完成后保存为 Word1_sxtz2.docx。

3. 模拟制作一红头文件

（本题使用“文字处理 1\实训拓展项目\3”文件夹）

请尝试从网上查找一种红头文件制作要求，并利用该格式制作一红头文件。要求：内容自定但要健康，页面要美观，颜色搭配要合理。完成后以 Word1_sxtz3.docx 为文件名保存。

小贴士：

（1）通常情况下，红头文件后面加水印，以表明文件的重要性。文档中添加水印，可以使用 Word 现有的水印模板，也可以根据需要自定义设置水印。

（2）删除文档中添加的水印效果，除了使用“水印”下拉按钮中“删除水印”命令外，还可以在“水印”对话框中，选中“无水印”单选按钮，然后单击“确定”按钮即可。

（3）水印图片的格式设置需要在页眉页脚视图下进行。

（4）红头文件中印章的模拟制作过程如下：

① 画印章轮廓。单击“插入”选项卡“插图”组中的“形状”按钮，在下拉列表中选择“基本形状”选项中的“椭圆”，按着 Shift 键＋拖动绘制一个圆，线宽 3 磅，红色线条。

② 编辑文字。插入一艺术字，选择艺术字的形状为环形，输入文字后根据需要设置字体、字号大小、红色颜色，并拖到圆内，利用艺术字的操作点，把它拖成圆形，结合 Ctrl+方向键将艺术字移到精准位置。

③ 插入五角星。在“自选图形”中，选择“星与旗帜”中的“五角星”，移到艺术字的中心位置，设置合适大小、红色、阴影、棱台。

④ 将圆、艺术字、五角星全部选中，右击，在快捷菜单中选择组合命令即可完成图章的制作，如图 2.24 所示。

印章的种类很多，利用上述功能制作的方形印章，如图 2.25 所示。

图 2.24 圆形印章模拟图

图 2.25 方形印章模拟图

4. 使用邮件合并功能

(本题使用“文字处理 1\实训拓展项目\4”文件夹)

文档 tscbxx.docx 提供了一个图书出版信息清单，由该文件提供数据，利用邮件合并功能生成一批信函，内容如图 2.26 所示，将主文档保存为 Word1_sxtz4.docx。

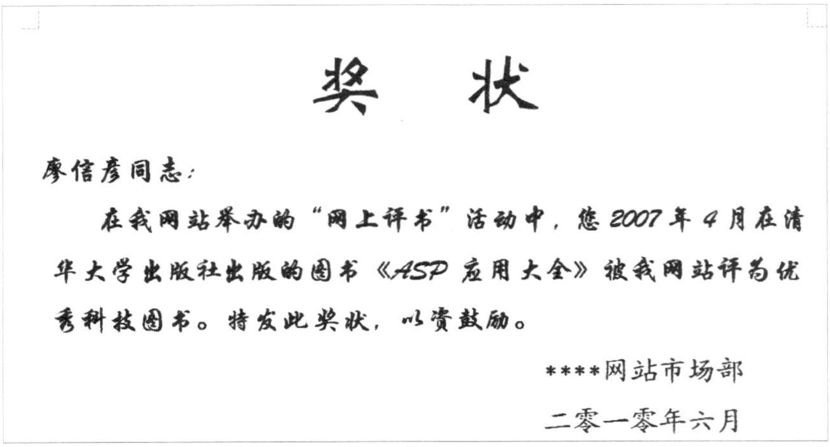

奖 状

廖信彦同志：

在我网站举办的“网上评书”活动中，您 2007 年 4 月在清华大学出版社出版的图书《ASP 应用大全》被我网站评为优秀科技图书。特发此奖状，以资鼓励。

****网站市场部

二零一零年六月

图 2.26 利用邮件合并功能生成的信函

小贴士：

(1) 在 Office 中，利用邮件合并功能可提高办公效率。邮件合并需先建立两个文档：一个 Word 包括所有文件共有内容的主文档(比如未填写的信封等)和一个数据源文件(已填写了收件人、发件人、邮编等)，然后使用邮件合并功能在主文档中插入数据源文件中的信息，合成后的文件可以保存为 Word 文档。

(2) 在使用 Excel 工作簿文件作为数据源时，必须保证是数据库格式，即第一行必须是字段名，记录行即数据行中间不能有空行等。

## 2.4.2 Word 图文混排

### 2.4.2.1 实验实训目标

1. 实验目标

(1) 掌握 Word 的图片、文本框、公式等多种对象的插入和设置操作。

(2) 掌握图文混排文档的美化操作。

2. 实训目标

培养根据需要对 Word 文档进行图形与文字混合排版的能力。

### 2.4.2.2 主要知识点

(1) 对象的插入与设置：包括图片、剪贴画、自选图形、艺术字、文本框等图形的插入、编辑和格式设置。

(2) 多个对象的对齐、叠放次序与组合操作。

### 2.4.2.3 基本技能实验

1. 使用艺术字、图片和自选图形

(本题使用“文字处理 2\基本技能实验\1”文件夹)

打开文档 Word2_ jbjn1. docx，完成以下操作后以原文件名保存。

(1) 将标题“南非世界杯吉祥物”换成艺术字，设置格式如下：

- 艺术字使用第 3 行第 4 列 “渐变填充-蓝色，强调文字颜色 1” 样式。
- 字号：一号。
- 环绕方式：上下型。
- 旋转角度：2°。

提示：按 Ctrl＋Alt＋→键，图片等旋转 1°；按 Alt＋→键，旋转 15°。

• 位置：相对页面水平居中对齐。

**提示：**

① 文档中插入了艺术字后，需要更改艺术字的字体、字号时，可直接切换到“开始”选项卡，通过“字体”功能组进行设置即可。

② 通过单击“绘图工具-格式”选项卡“排列”组中的“对齐”右三角按钮，在下拉菜单中选中“对齐页面”菜单命令，再单击“左右居中”菜单命令，即可设置艺术字、图片、自选图形相对页面水平居中对齐。

（2）插入图片文件 zxsy1_1.jpg，设置格式如下：

**提示：**插入到文档中的图片，除了计算机中保存的图片外，也可以用 word 截取的计算机屏幕以图片的形式插入到文档中。在截取图片的过程中，包括截取全屏图像和自定义截取图像两种方式。

• 大小：为原图片的 50%。

**提示：**如果锁定了纵横比，图片进行缩放时保持长宽比例不变。如果设置图片具体的高宽值时，应取消纵横比。

• 环绕方式：四周型。

**提示：**默认情况下，图片文件是作为字符插入到 Word 文档中的，其环绕方式为“嵌入型”，位置随着其他字符的改变而改变，但用户不能自由移动图片，也不能和其他图形组合。只有当图片的环绕方式改为“四周型”等非嵌入型时，才能自由移动或精确设置其位置，才能与其他图形组合成一个新对象。

• 图片位置：放在正文第一自然段右侧合适位置。

（3）在正文最后空白处插入自选图形“爆炸型 2”，添加文字“足球盛宴”，设置格式如下：

**提示：**美化图片。为了把插入到文档中的图片与文本完美组合，除了改变图片大小、位置、文字环绕方式等基本内容外，还需要对图片进一步的美化操作，如删除图片背景、设置图片的艺术效果、调整图片的色调与光线和裁剪图片等。

• 大小：高度为 4 厘米，宽度为 10 厘米。
• 图形位置：相对页面水平居中对齐，垂直方向距页边距下侧 19cm。
• 填充与线条：填充色为蓝色，线条色为黄色。

**提示**：在填充自选图形或文本框时，除了纯色填充外，还有渐变色填充、图案填充以及图片填充等。

• 设置自选图形发光效果为“橄榄色，11pt 发光，强调文字颜色 3”；图中文字为楷体、二号字、黄色、水平居中。

**2. 图片与文本框组合**

（本题使用“文字处理 2\基本技能实验\2”文件夹）

打开文档 Word2_ jbjn2. docx，完成以下操作后保存。

(1) 插入剪贴画：在“剪贴画”窗格中搜索“计算机”，从搜索结果插入第一张剪贴画。

(2) 设置图片大小：取消锁定纵横比，高度 6 厘米，宽度 5 厘米。

(3) 在图片附近插入文本框，高度 0.8 厘米，宽度 4 厘米；无边框线条；文本框内输入文字“计算机基础教育”，要求黑体、五号字、水平居中。

**提示**：

(1) Word 的文本框是一种容器，可以输入文字、插入图片和表格等。将图片和图注文字放入文本框，通过移动文本框可以使图片和图注文字共同移动，而它们的相对位置不变。

(2) 文本框中的文字不能设置分栏；文本框中插入的图片、艺术字、自选图形等只能是嵌入型的，不能改变环绕方式；文本框中插入的表格也不能设置为有文字环绕的方式。

(4) 将文本框和图片相互左右居中对齐后组合，组合后的对象设置其环绕方式为“四周型”。

**提示**：

(1) 文本框和图片组合之前，将图片的环绕方式“嵌入型”改为“非嵌入型”，否则不能组合。

(2) 设置新组合对象的格式时，应选择新组合出的对象，注意不要选择成组合对象的一部分。

(5) 设置组合后的对象的位置：水平对齐方式，绝对位置距页边距右侧 0 厘米；垂直对齐方式，绝对位置距页边距下侧 1.8 厘米。

**提示**：选中浮于文字下方的图片方法：选择“开始”选项卡，单击“编辑”下方的三角按钮，出现下拉列表，如图 2.27 所示，单击“选择”选项，在出现的下拉列表中选择“选择对象”，然后再单击就可以选中浮于文字下方的图片了。

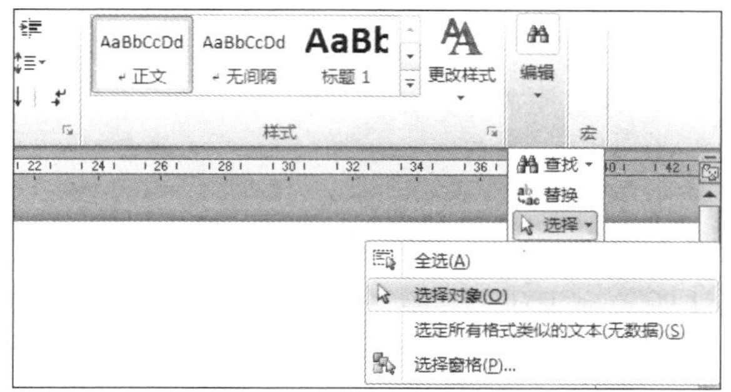

图 2.27 执行“选择对象”命令过程图

### 2.4.2.4 综合实训项目

1. 制作个性化的求职档案

(本题使用“文字处理 2\综合实训项目\1”文件夹)

参考本章项目实例相关内容,动手制作个性化的求职档案,要求内容简洁,美观大方。完成后以 Word2_zhsx1.docx 为文件名保存到本题所用文件夹中。

2. 利用 Word 介绍我的家乡

(本题使用“文字处理 2\综合实训项目\2”文件夹)

要求内容真实、图文并茂、美观大方。完成后以 Word2_zhsx2.docx 为文件名保存到本题所用文件夹中。

### 2.4.2.5 实训拓展项目

1. 设计教材封面

(本题使用“文字处理 2\实训拓展项目\1”文件夹)

以本教材封面为参考,设计一教材封面,书名为《大学计算机应用基础》,主编为张三、李四,工程出版社出版。要求美观大方、简洁,颜色协调,封面尽量体现教材的主题思想。本题文件夹下有计算机相关图片可供选择,也可以自己从网上搜索。完成后保存为 Word2_sxtz1.docx。

> 小贴士:
>
> 在剪贴画窗格中输入“拼图”进行搜索,从结果中可以找到文档中使用的“四块拼图”图形。

2. 制作立体相框

(本题使用“文字处理 2\实训拓展项目\2”文件夹)

参照 Word2_sxtz2_样张.jpg,利用 Word 丰富的图形处理功能,制作一个立体相框,完成后以文件名为 Word2_sxtz2.docx 保存到本文件夹中。

小贴士：

在 Word 中可以设置图片的不同格式，为了使图片具有立体效果，可通过设置图片的阴影、柔化边缘、形状等即可制作具有立体感的相框。

**3. 使用嵌入对象和链接对象**

（本题使用“文字处理 2\实训拓展项目\3”文件夹）

为丰富 Word 文档的内容，可以在文档中连接或嵌入由其他应用程序生成的对象，如声音、图片、表格等。打开文档 Word2_sxtz3.docx，参照样张将本题文件夹下提供的图片文件嵌入到文档中，将工作簿文件链接到文档中，对比链接与嵌入的区别。

小贴士：

（1）链接对象是指在修改源文件之后，链接对象的信息会随着更新。链接的数据只保存在源文件中，目标文件中只保存源文件的位置，并显示代表链接数据的标识。

（2）嵌入对象是指即使更改了源文件，目标文件中的信息也不会发生变化。嵌入的对象是目标文件的一部分，而且嵌入之后，就不再与源文件发生联系。

**4. 使用 Office 的图形布局功能**

（本题使用“文字处理 2\实训拓展项目\4”文件夹）

利用 Office 中 SmartArt 图形“图片布局”功能阐述自己的成长过程。制作完成后以 Word2_sxtz4.docx 为文件名保存在本题文件夹中。

小贴士：

（1）SmartArt 图形是信息和观点的视觉表示形式。可以通过从多种不同布局中进行选择来创建 SmartArt 图形，从而快速、轻松、有效地传达信息。

（2）Word 文档中应用 SmartArt 图形基本步骤：

① 打开 Word 文档窗口，切换到“插入”功能区。在“插图”分组中单击 SmartArt 按钮。

② 在打开的“选择 SmartArt 图形”对话框中，单击左侧的类别名称选择合适的类别，然后在对话框右侧单击选择需要的 SmartArt 图形，并单击“确定”按钮。

③ 返回 Word 文档窗口，在插入的 SmartArt 图形中单击文本占位符输入合适的文字即可。

（3）在 Office 中为 SmartArt 图形新增了一种图片布局，可以在这种布局中使用照片阐述实例。创建此类图形，只需插入 SmartArt 图形图片布局，然后添加照片，并撰写说明性文字即可。

(4) 图片也可转换为 SmartArt 图形，但在没决定转换的 SmartArt 图形样式时，打开“图片版式”下拉列表后，将鼠标指向要使用的图形版式，所选中的图片就会显示出应用后的效果，用户可通过预览应用后的效果来决定是否使用该效果。

### 5. 制作本校的组织结构图

(本题使用“文字处理 2\实训拓展项目\5”文件夹)

依据学校实院情况，利用 Word 相关知识制作一个本校组织结构图的文档。要求页面要美观，颜色搭配合理，制作完成后以 Word2_sxtz5. docx 为文件名保存在本题文件夹中。

小贴士：

(1) 组织结构图是企业、事业的流程运转、部门设置及职能规划等最基本的结构依据，如图 2.28 所示。

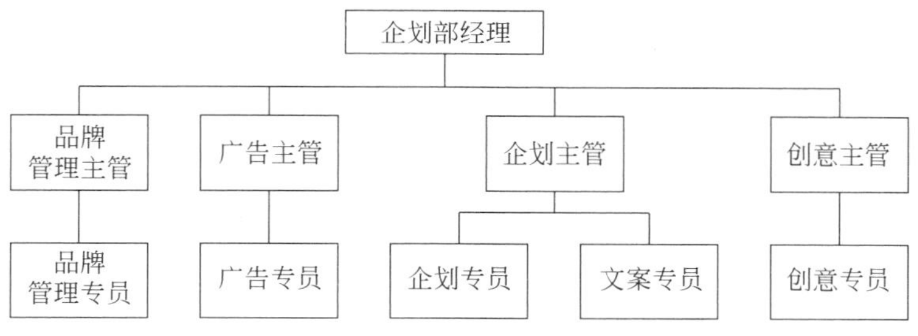


图 2.28 企业职能组织结构图

(2) 用 Word 制作组织结构图可以使用 SmartArt 图形，如果 SmartArt 图形样式里没有符合自己要求的图形，也可以通过自选图形、艺术字来手动绘制。

### 6. 录制和使用宏

(本题使用“文字处理 2\实训拓展项目\6”文件夹)

如果需要在 Word 文档中反复进行某项工作，可以利用“宏”来自动完成，以替代人工进行的一系列费时而单调的重复性操作，从而提高工作效率。打开文档 Word2_sxtz6. docx，试录制一个进行字体和段落格式设置的简单宏，并为其指定快捷键，然后利用宏为文档中的段落设置格式。完成后保存文档。

小贴士：

(1) 宏是一个批处理程序命令，正确地运用它可以提高工作效率。

(2) 默认宏隐藏，可以通过以下方式显示：选择“文件”→“选项”→“自定义功能区”，在自定义功能区的右边，在“主选项卡”列表中，选择“开发工具”复选框，这样就能在功能区的左侧看到宏了。

(3) 在录制之前，要计划好需要宏执行的步骤和命令，例如本题的宏应该在选中一个段落的文本后才开始录制，而不应该在选中文本之前开始。

(4) 如果在录制宏的过程中出现错误，则矫正错误的操作也会被录制。

(5) 录制完毕后，可以编辑宏并删除宏中不必要的操作。

# 第3章 电子表格处理

Excel 是微软公司开发的 Microsoft Office 套装软件中的一个成员。它是 Windows 环境下的一个性能优越的电子表格处理软件，界面友好、操作简单、易学易用。

本章主要介绍 Excel 的基本概念、基本操作、图表应用、数据库管理等内容。

## 3.1 Excel 简介

Excel 可以用来创建、组织各种数据表格和图表，使得制作出的报表图文并茂，信息表达清晰。Excel 具有以下主要功能。

(1) 可以实现对数据表格输入、编辑、访问、复制、移动、隐藏和格式化等处理。

(2) 具有强大的数据计算、统计和分析功能，如自动计算、使用各类函数。

(3) 具有用各种类型的图表直观地表示和查看数据的图表功能。

(4) Excel 把工作表中的数据作为一个简单数据库，提供查找、排序、筛选和分类汇总等数据库管理功能。

本节主要介绍 Excel 的基本概念和基本操作。

### 3.1.1 Excel 的基本概念

1. 工作簿

Excel 处理的文档称为工作簿，以文件的形式存放在磁盘上，工作簿文件的扩展名为.xlsx，每个工作簿可以由一张或多张工作表组成。

在默认情况下，Excel 工作簿由 3 张工作表组成，分别以 Sheet1、Sheet2、Sheet3 命名。用户根据需要可添加和删除工作表，一个工作簿包含的工作表数量与所使用计算机的内存有关。

2. 工作表

在 Excel 中，工作表有两种常用的类型。

(1) 普通工作表：普通工作表是存储和处理数据的主要空间，是完成一项工作的最基本单位。它由单元格组成，横向称为行，纵向称为列。行由数字命名，自上而下为 1～

1 000 000;列由英文字母命名,自左而右先从 A~Z,再从 AA~AZ,BA~BZ,…依此类推。在 Excel 中每张工作表由 1000000 行、16000 列组成。

(2) 图表工作表:图表工作表是以图表的形式表示数据的工作表。

3. 单元格

单元格是 Excel 工作簿的最小组成单位。完整的单元格命名格式为:

```
[工作簿名]工作表名!单元格名
```

例如,

```
[学生成绩]Sheet3!A4
```

表示的是"学生成绩.xlsx"工作簿的 Sheet3 工作表中的 A4 单元格。如果要表示的单元格在当前工作簿的当前工作表中,则工作簿名称和工作表名称均可省略。

## 3.1.2 Excel 的窗口组成

Excel 的运行环境、启动和退出操作与 Word 相似,这里不再累述。

Excel 窗口中包含的元素和 Word 类似,如图 3.1 所示。但有其本软件的特殊性,增加了公式和数据选项卡,其他类似的选项卡介绍参照第 2 章。这里主要介绍不同于其他软件的功能。

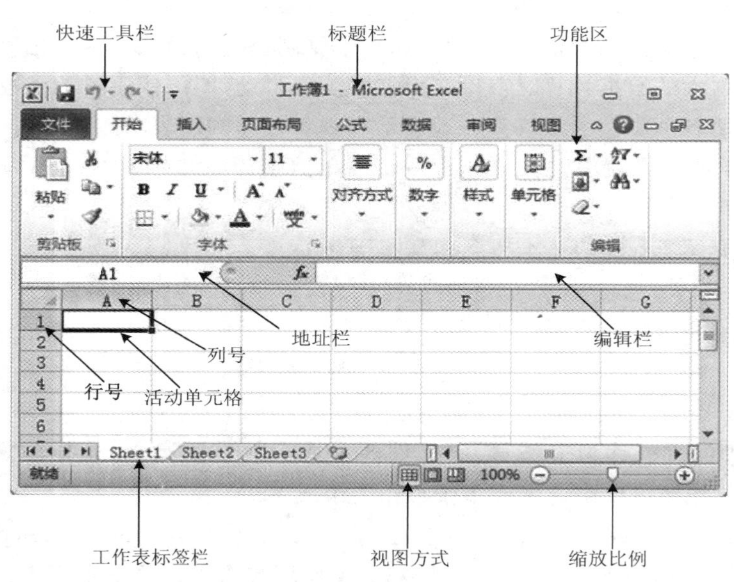


图 3.1 Excel 2010 窗口组成

(1) 地址栏:地址栏用于显示当前单元格或区域的地址。选定单元格后,地址栏中显示选定单元格的地址;在地址栏输入一个单元格地址,确认后可指定该单元格为当前单元格。

(2) 编辑栏:编辑栏用于显示、输入或修改选定单元格中的数据和公式。

(3) 工作表标签栏:工作表标签栏用于显示工作表的名称和实现不同工作表之间的

切换。如果鼠标单击 Sheet3 标签，则 Sheet3 为当前工作表。

每个工作簿文件的工作表标签栏，约定显示三张工作表名称。工作表的数量和名称可根据用户的需要来改变；如果一个工作簿中有多个工作表，在标签栏内不能同时显示出所有的工作表标签，此时可用工作表标签栏左侧提供的 4 个按钮 ⏮ ◀ ▶ ⏭ 调出所需的工作表标签。

# 3.2 项目实例 1：学生档案管理

## 3.2.1 项目要求

学生档案管理包括“学号”“班级”“姓名”“入学时间”“学制”“实验成绩”“期末成绩”“总成绩”等字段，主要任务有工作表的编辑与排版，总成绩、名次和毕业时间的计算与填充，利用公式和图表进行成绩分析等。通过本项目实例的学习，掌握 Excel 的数据录入、公式与函数的使用、工作表格式设置、工作表的基本操作、图表的创建与编辑等知识点，实例效果如图 3.2 所示。

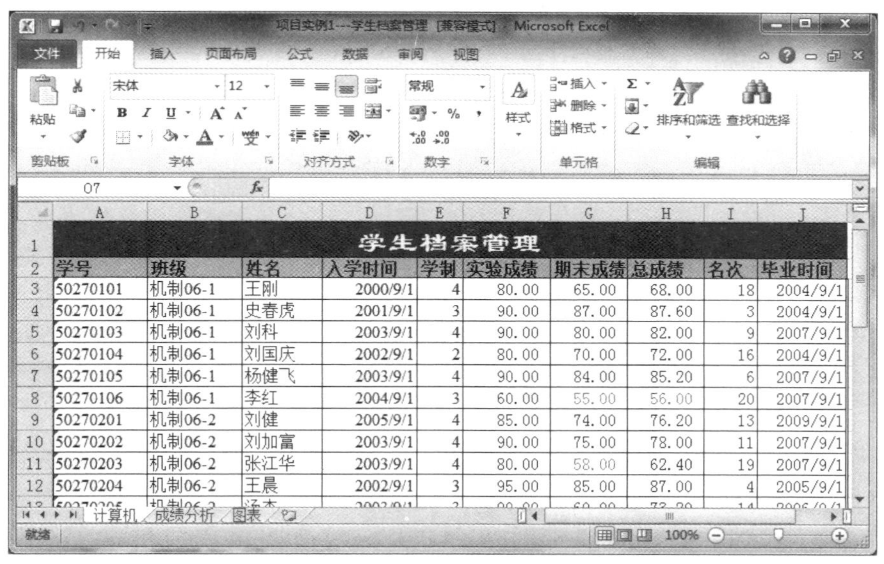


图 3.2 学生档案管理实例效果

## 3.2.2 项目实现

1. 建立字段(输入列标题)

依次在 A1～H1 单元格内输入各列数据的标题“学号”“班级”“姓名”“入学时间”“学制”“实验成绩”“期末成绩”“总成绩”。

2. 常量的输入

(1) 输入文本。文本是指当作字符串处理的数据，包含字母、汉字、数字、空格、其他符号等字符。在 Excel 默认情况下，在单元格中文本是以左对齐方式放置。Excel 中的文本有两种形式：

- 字符型字符串。这类文本最常用，如班级、姓名等。

**说明**：若一个单元格中的内容需要换行显示，先将插入光标移动到换行处，按 Alt＋Enter 键即可，或是单击“开始”选项卡中的“对齐方式”组中的自动换行的按钮。

- 纯数字字符串。这类文本全部由数字组成，既没有表示大小的概念，也不参与算术运算，而是作为字符看待，如学号、工号、电话号码、邮政编码等数据。

这类文本的输入有两种方法，一种是要用英文单引号(')协助输入。在选定单元格后，先输入半角状态下的英文单引号(')；接着输入数字字符；最后按 Enter 键确认。例如，在输入学号“50270101”时，应在选定单元格中输入 '50270101。另一种是在选定的单元格内输入“＝”和英文双引号，如＝ "50270101"，最后按 Enter 键确认。

(2) 输入数值。数值可以采用整数、小数或科学计数法等方式输入。它由数字(0～9)和一些特殊符号组成。在数值型数据中可用的符号包括正号(＋)、负号(－)、小数点(.)、指数符号(E、e)、百分号(%)、千分号(,)、分数线(/)和货币符号(￥、$)等。默认情况下，在单元格中数字以右对齐的方式放置。本例需输入实验成绩和期末成绩。

**说明**：

(1) Excel 的数值输入与数值显示形式有时不同，计算时以输入数值为准。

(2) 当输入数值后单元格内显示一串“#”号，表示输入的数值宽度超过了单元格的宽度。只要增加单元格的宽度就可以正确显示。

(3) 分数的前面应加上 0 和一个空格，用于区分日期和数字。如直接输入“1/9”显示 1 月 9 日，而输入“0 1/9”则显示九分之一。

(3) 输入日期和时间。在默认情况下，单元格中的时间或日期数据以右对齐的方式放置。本例中需输入“入学时间”。

- 日期的格式规定。在输入日期时，可以用分割符(/ 或 -)或相应的汉字分隔年、月、日各部分。例如输入“1967/2/8”“1967-2-8”或“1967 年 2 月 8 日”都是正确的日期数据。

**注意**：若使用分割符(/、-)输入日期数据时，只能按年-月-日、年/月/日、月-日、月/日这几种顺序格式输入，否则系统不认为是日期数据，而是将其作为文本处理。

- 时间的格式规定。在输入时间时，用冒号(：)或相应的汉字分隔时间的时、分、秒。时间格式规定为“hh：mm：ss〔AM/PM〕”，其中“AM/PM”与时间数据之间应有空格，例如“3：15：00PM”。若 AM/PM 省略，Excel 默认为上午时间。

3. 公式的输入

Excel 中的公式是一个以"="开头，由数值、单元格引用、名字、运算符、函数组成的序列。

(1) 公式中的运算符。在 Excel 的公式中采用的运算符可以分为以下 4 种类型。

- 算术运算符：用来完成基本的数学运算，包括加号(+)、减号(-)、乘号(*)、除号(/)、乘方(^)、百分号(%)。
- 比较运算符：用来完成两个数值的比较，比较的结果是一个逻辑值 True 或 False。比较运算符包括等号(=)、大于号(>)、大于等于号(>=)、小于号(<)、小于等于号(<=)和不等号(< >或> <)。
- 文本运算符：用来完成将两个文本连接成一个组合文本，只有一个运算符，即 &，见表 3.1 所示。
- 引用运算符：将单元格区域进行合并计算，包括冒号(:)、逗号(,)和空格，见表 3.1 所示。

表 3.1 文本运算符和引用运算符的功能简介

| 运算符 | 含　义 | 举　例 |
| --- | --- | --- |
| &(连字符) | 将两个文本连接产生一个组合的文本 | "计算机" & "信息"运算结果为"计算机信息" |
| :(冒号) | 区域运算符，对两个引用之间，包括两个引用在内的所有单元格进行引用 | SUM(A2: D4)表示对以 A2、D4 为对角线组成的一个矩形区域中的所有单元格求和 |
| ,(逗号) | 联合运算符，将多个引用合并为一个引用 | SUM(A2,D4)表示只对 A2、D4 这两个单元格求和 |
| (空格) | 交叉运算符，产生同时属于两个引用的单元格区域的引用 | SUM(A1:B2　B1:C2)表示对同属于这两个区域的单元格 B1、B2 进行求和 |

(2) 输入公式表达式。本例中需计算"总成绩"，计算公式：

总成绩=实验成绩×20%+期末成绩×80%

操作如下。

- 选定放置运算结果的单元格，这里选定 H2。
- 输入公式表达式，方法有如下两种。
  - 逐字输入"=F2*20%+G2*80%"。
  - 键入"="，然后单击 F2 单元格则 F2 就会出现在当前单元格中，再输入"*20%+"，然后单击 G2 单元格，再输入"*80%"。
- 按 Enter 键，这时 H2 中将显示计算结果。

(3) 使用函数。Excel 提供了丰富的函数，如统计函数、三角函数、财务函数、日期与时间函数、数据库函数、文字函数、逻辑函数等。函数的输入有两种方法，一是直接输入函数名和必需的参数；二是使用"公式"选项卡"函数库"组中的插入函数按钮。

本例中首先计算"平均分"。操作步骤如下。

- 选定放置运算结果的单元格 F22。
- 单击“插入函数”按钮，弹出如图 3.3 所示的“插入函数”对话框。

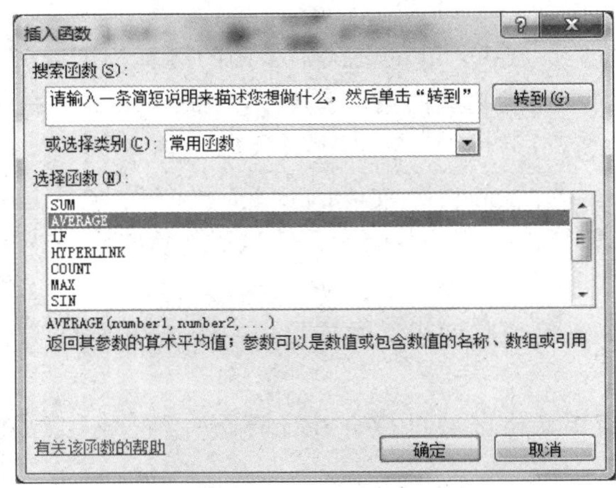


图 3.3 “插入函数”对话框

- 选择所需函数。如选择平均值函数 AVERAGE，单击“确定”按钮，弹出如图 3.4 所示的“函数参数”对话框。

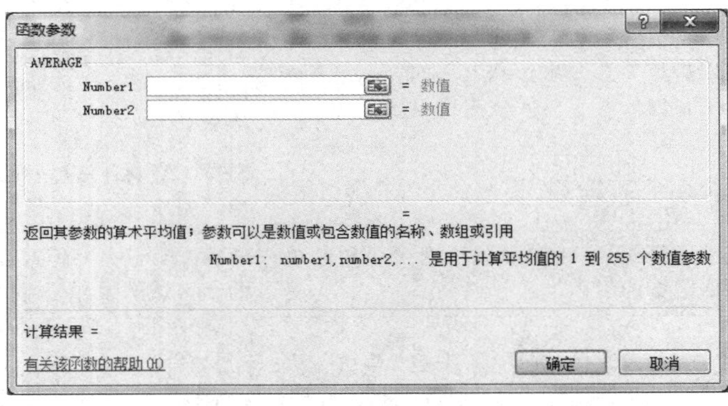


图 3.4 “函数参数”对话框

- 输入函数所需的参数。
- 最后按 Enter 键或单击“确定”按钮。

在选定的单元格中显示计算结果，编辑栏中显示输入的公式表达式。

(4) 公式中单元格的引用。单元格地址根据它被复制到其他单元格时是否会改变，可分为相对引用、绝对引用和混合引用三种。

- 相对引用。相对引用是指把公式复制或填入到新位置时，公式中的单元格地址会随着改变。如本例中 F22 的公式使用的就是相对地址，这时将 F22 单元格右下角的黑色方块(称填充柄)向右拖动至 H22，就会在相应的单元格中实现公式复制。
- 绝对引用。绝对引用是指把公式复制或填入到新位置时，公式中的单元格地址保持不变。设置绝对地址只需在行号和列号前加“ $ ”即可。如果将本例 F22 中的

"=AVERAGE(F2:F22)"改为"=AVERAGE($F$2:$F$22)",这时再拖动F22的填充柄会看到什么结果?

- 混合引用。混合引用是指把公式复制或填入到新位置时,保持行或列的地址不变。如"$F2"表示列号绝对引用,行号相对引用;"F$2"表示行号绝对引用,列号相对引用。

**注意**:在编辑栏或单元格中输入单元格地址后,根据需要按F4键可实现"绝对引用""相对引用"和"混合引用"的快速切换。

### 4. 自动输入

当在工作表中输入一些有规律的数据时,可以使用Excel提供的"自动填充"功能。"自动填充"功能是Excel的特色功能之一,不仅可以实现等比、等差序列的填充,还可以实现自定义序列的填充。

Excel根据数据的变化规律将填充分为简单关联和复杂关联。

(1) 简单关联。当填充的数据是等差序列或是保持不变,这样的数据称为简单关联,简单关联的操作步骤如下。

选定含有初始值的单元格。若是步长为1或-1的填充,只需选定一个含初始值的单元格;否则至少选定两个含有趋势初始值的单元格。如果要提高趋势序列的精确度,应多选定一些初始值。

拖动填充柄实现填充。将鼠标移动到填充柄附近,鼠标指针变成黑色实心十字状,按下左键向上下左右拖动填充柄均可实现填充。

例如,本例中单元格A2已输入初始值"50270101",拖动填充柄可以填充至"50270106";同样在A9中输入初始值后,可以使用同样的方法进行填充。

**注意**:若只选定一个单元格,其内容是数值型或不含有数字的文本型数据,直接拖动填充柄可实现复制操作;按下Ctrl键再拖动填充柄,可实现等差填充。若单元格中是含有数字的文本型数据或日期型数据,直接拖动填充柄,就可以实现等差填充。

本例中可以利用填充柄来快速输入多个相同的班级。

(2) 复杂关联。使用"序列"对话框实现复杂序列的填充,操作步骤如下。

- 首先设置含有初始值的单元格。
- 选定需要填充的单元格区域,此区域必须以含有初始值的单元格为起始单元格。
- 调出"序列"对话框。
- 单击"开始"选项卡"编辑"组中的填充按钮,选择其下拉列表框中的"系列"命令;或按下鼠标右键拖动含有初始值的单元格的填充柄到填充的终止单元格,在快捷菜单中选择"序列"命令,均会出现如图3.5所示的"序列"对话框。

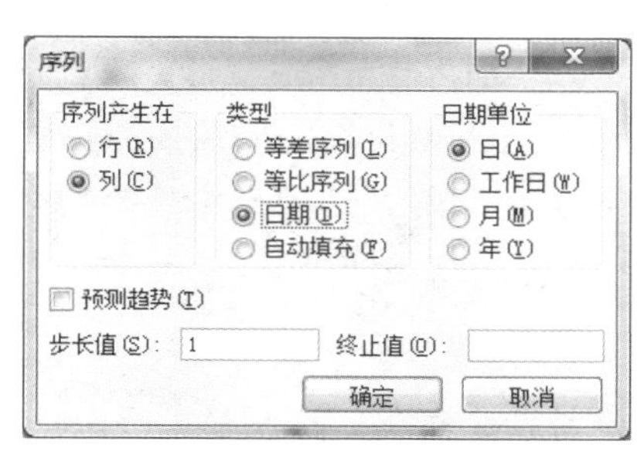

图3.5 "序列"对话框

- 在"序列"对话框中指定序列填充的方向(行

或列)、关联类型、步长值、终止值等选项。

- 单击“确定”按钮,即可生成填充序列。

**注意**:进行复杂序列的填充时,常常容易忽略第 2 步。

(3) 自定义填充序列。在 Excel 中,还允许用户根据需要自定义序列,操作步骤如下。

- 选择“开始”选项卡,单击“编辑”组中的“排序和筛查”按钮,在弹出的下拉菜单中选择“自定义序列”命令,弹出“排序”对话框,单击对话框“次序”下拉列表中的“自定义序列”命令。弹出如图 3.6 所示的“自定义序列”对话框。

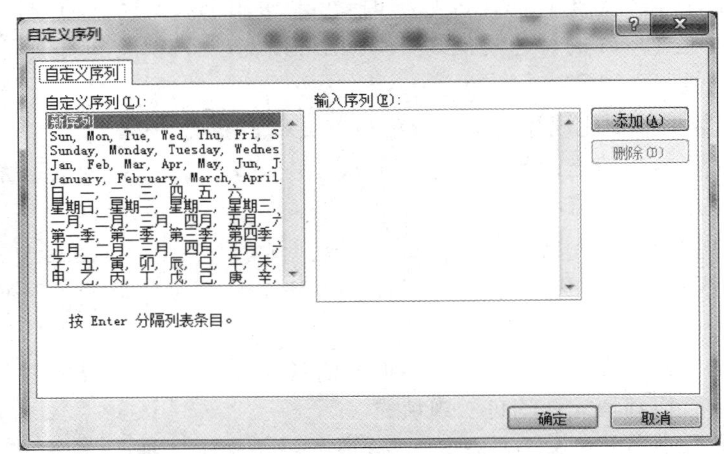


图 3.6 “自定义序列”对话框

- 在“输入序列”列表框中,从第一个序列元素开始输入新的序列,输入一个元素后,按一次 Enter 键。例如建立新的序列“春、夏、秋、冬”。
- 整个序列输入完毕后,单击“添加”按钮,将新序列添加到左侧的“自定义序列”列表框中。
- 重复上面两步,可以添加多个自定义序列,最后单击“确定”按钮确认。

5. 插入新列“名次”“毕业时间”和表标题“学生档案管理”

本例中需要在表的最后一列插入“名次”和“毕业时间”列,在表的第一行上方插入一行,并输入表标题“学生档案管理”,方法有以下两种。

(1) 插入单元格、整行、整列。操作如下。

- 光标定位在需要插入的位置。
- 在“开始”选项卡中选择“插入”命令,弹出“插入”对话框,选择相应选项,单击“确定”按钮即可。

**注意**:如果需要插入多行,需先选定与待插入的空行数目相同的数据行,然后再选择“插入”命令。插入整列的操作与整行操作相似。

## 相关知识

### 单元格内容的编辑

1. 单元格的状态

在 Excel 中，单元格有两种状态，即选定状态和编辑状态。

(1) 选定状态：用鼠标单击某单元格，即选定当前单元格。此时向单元格输入数据会替换单元格中原有的数据。

(2) 编辑状态：用鼠标双击单元格，在选定当前单元格的同时，在单元格内有插入光标，编辑栏也被激活。此时可修改单元格中原有的数据。

2. 清除单元格

单元格是存放信息的基本单位。单元格的信息包括内容、格式和附注三部分。清除单元格是将单元格中的全部或部分信息去掉，但并不删除单元格。

具体操作如下。

(1) 选定要清除信息的单元格。

(2) 执行“开始”选项卡中的“清除”下拉菜单，用户根据需要选择相应的命令。其中：

- 全部：表示将单元格中的全部信息清除，成为空白单元格；
- 格式：表示只删除单元格的格式设置，而不清除信息的内容；
- 内容：表示只清除单元格中的内容，而自定义的格式仍然保留；
- 批注：表示只清除单元格的附注信息；
- 超级链接：表示只清除单元格的超级链接的信息。

另外，在实际使用中清除单元格最常用的方法是选定单元格后按 Delete 键。

3. 数据移动和复制

可以通过以下两种方法实现。

(1) 使用鼠标拖动。

(2) 使用“剪贴板”。

4. 选择性粘贴

一个单元格可以包括数据(公式及其结果)、批注和格式等多种特性。有时只需要复制单元格中的部分特性，例如只需要单元格的文本而不需要已经设定的格式，此时可使用“选择性粘贴”命令来实现。

具体操作如下。

(1) 将选定单元格区域的内容放入剪贴板。

(2) 选定目标单元格。

(3) 选择“开始”选项卡，单击“剪贴板”组“粘贴”命令按钮的下拉按钮选择选择性粘贴命令。弹出“选择性粘贴”对话框，如图 3.7 所示。

(4) 在对话框中选择需要粘贴的特性即可。

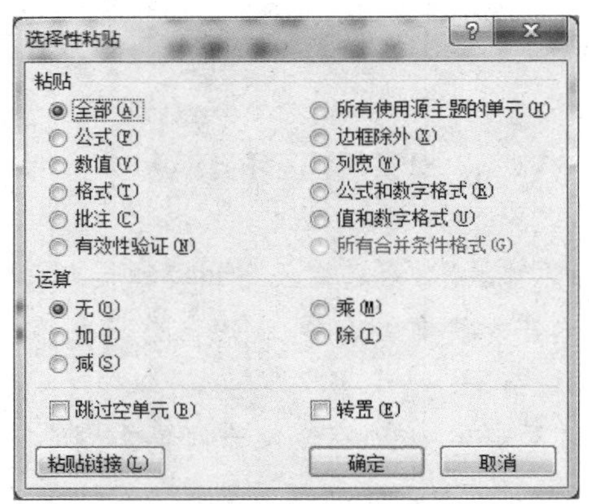


图 3.7 “选择性粘贴”对话框

**想想议议**

要使工作表中部分单元格的内容不想让他人查阅，怎样将它隐藏起来？

6. 调整行高和列宽

本例需要将列宽设置为“最适合的列宽”，第一行行高设置为 25.5，其他行高为“最适合的行高”。

（1）精确调整。选定要调整的列，选择“开始”选项卡，单击“单元格”组中的“格式”按钮，在显示的下拉菜单中选择“列宽”命令，弹出如图 3.8 所示的“列宽”对话框，输入列的宽度(用数字表示)，最后单击“确定”按钮。

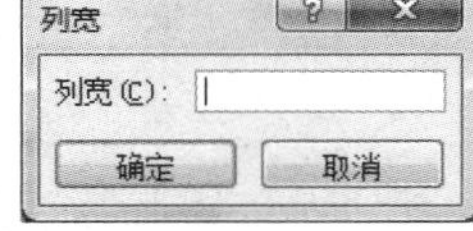


图 3.8 “列宽”对话框

（2）拖动调整。如果要更改一列(或多列)的宽度，先选定所有要更改的列，然后将鼠标移到选定列标号的右边界，鼠标指针呈✛状时左右拖动实现列宽调整。

如果要更改工作表中所有列的宽度，单击“全选”按钮，然后拖动其中某一列标号的右边界即可。

（3）自动调整列宽。为了使列宽与该列单元格中内容的宽度相适应，将鼠标移到要调整的列标号右边界，指针为✛状时，双击即可。

如果要对工作表上的多列同时实现合适列宽的调整，先选定所有要调整的列，然后双击任一选定列标号的右边界。

（4）复制列宽。如果要以某一列的列宽为基准来调整其他列的列宽，那么先选定基准列中的单元格，并单击“开始”选项卡功能区的“复制”按钮；然后再选定目标列；在“开始”选项卡功能区的“粘贴”下拉菜单中的“选择性粘贴”命令，然后在“选择性粘贴”对话框中单击“粘贴”栏中的“列宽”选项。

**想想议议**

当复制粘贴某列数据时，如果出现复制的数据和粘贴的数据不一致的情况，原因出在哪里？如何解决？

**说明**：行高的调整与列宽操作基本相似，只是将列操作换成行操作。使用快捷菜单可快速实现“复制列宽”的操作。

7. 设置单元格的格式

单元格格式包括数字类型、对齐方式、字体、边框、图案等。

设置单元格格式的操作如下。

- 选定要进行格式设置的单元格区域。
- 选择“开始”选项卡，单击“对齐方式”组的对话框按钮；或右击选定区域，选择快捷菜单中的“设置单元格格式”命令，均弹出“设置单元格格式”对话框。“设置单元格格式”对话框包括“数字”“对齐”“字体”“边框”“填充”和“保护”六个选项卡。
- 根据需要选择不同选项卡，进行具体设置。

(1) 设置数据格式。本例需将所有成绩设置为数值型、小数位数 2 位、负数使用第四种形式。

- 利用“单元格格式”对话框。在“设置单元格格式”对话框中选择“数字”选项卡，如图 3.9 所示，在“分类”列表框中选择合适的数据类型，在右侧出现的数据格式中选择或输入合适的数据显示格式。

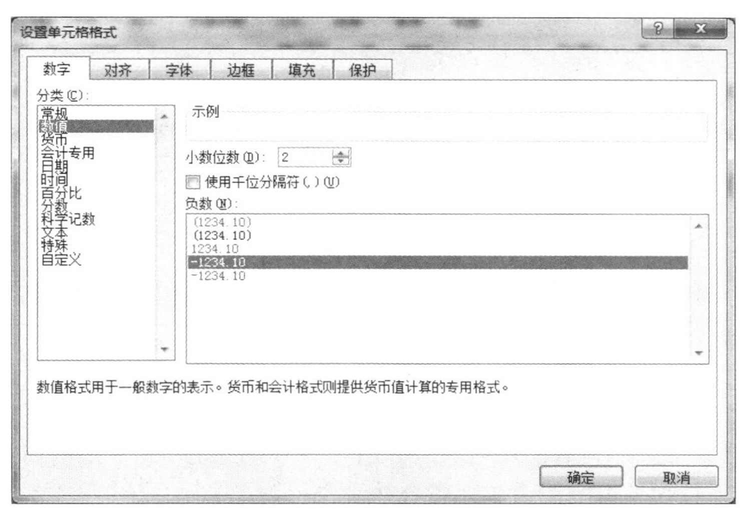


图 3.9 “设置单元格格式”对话框的“数字”选项卡

- 利用“开始”功能区“数字”组中的相应按钮。选定单元格区域后，可以进行简单的格式设置。这些按钮依次可以实现“货币样式”“百分比样式”“千位分隔样式”“增加小数位”和“减少小数位”的设置。

(2) 字体。字体设置主要包括字体、字号、字型、颜色、特殊效果和下画线等内容。本例需将表标题设置为隶书、20 号字、加粗，列标题设置为楷体、12 号字、加粗，其他字体为宋体、12 号字。

- 利用“设置单元格格式”对话框。在“设置单元格格式”对话框选择“字体”选项卡，与 Word 中的字体设置相似，这里不再赘述。

(3) 设置对齐方式。Excel 在默认状态下，单元格中的文本数据是左对齐，数值、日期型数据则是右对齐，根据需要也可以重新设置对齐方式。本例需将 A1 至 J1 合并居中，其他均为左对齐。

- 选择“开始”选项卡“对齐方式”组的对话框按钮，弹出“设置单元格格式”对话框。在“设置单元格格式”对话框中选择“对齐”选项卡，如图 3.10 所示。在“水平对齐”和“垂直对齐”下拉列表框中选择对齐方式，同时可通过拖动“方向”指针或直接输入角度值设置文字的旋转方向。

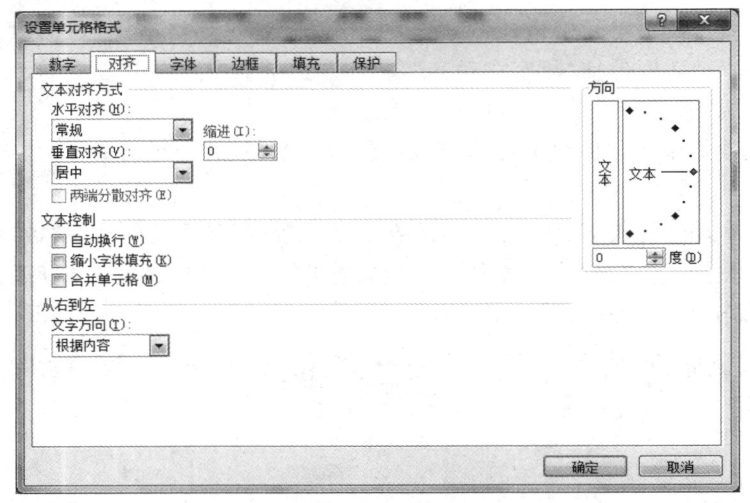


图 3.10 “设置单元格格式”对话框的“对齐”选项卡

- 选择“开始”选项卡中“对齐方式”组中的相应命令。
  - ◆ 合并单元格操作：先选定一个连续的单元格区域，单击“开始”选项卡中对齐方式组中的“合并及居中”按钮；或在“设置单元格格式”对话框的“对齐”选项卡中选中“合并单元格”选项。
  - ◆ 取消合并单元格操作：选定已合并的单元格，调出“设置单元格格式”对话框，选择“对齐”选项卡，取消对“合并单元格”选项的选择，或者是利用“合并单元格”按钮下拉列表中的取消单元格合并命令

(4) 设置边框。在 Excel 默认情况下，工作表中的单元格均是由一些浅灰色线条进行划分，这不适合于数据的突出显示，同时这些线在预览和打印时也是不可见的。本例需设置表的外框线为双线型、内框线为单线型。

- 利用“设置单元格格式”对话框。在“设置单元格格式”对话框中选择“边框”选项卡，如图 3.11 所示。根据需要先选择边框线的样式和颜色，再选择要设置的边框线位置。
- 利用“开始”选项卡。选定单元格后，直接使用“开始”选项卡“字体”组中的“边框”下拉按钮，对选定区域进行边框设置。

(5) 设置图案。本例需将表标题设置填充色为蓝色，列标题设置填充色为 25%

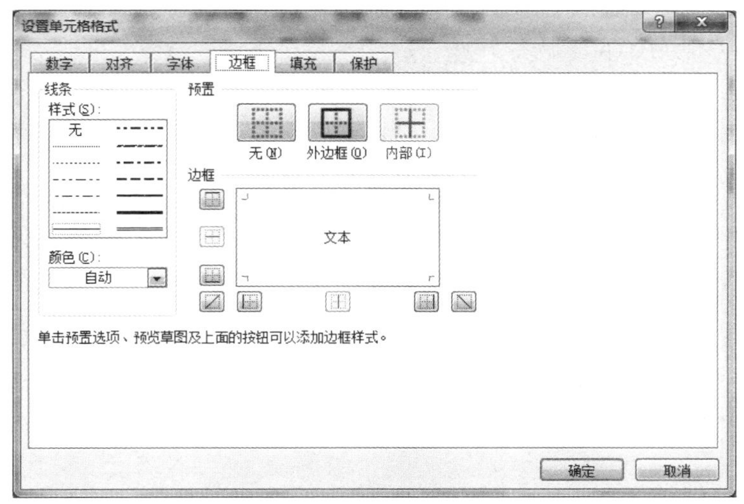


图 3.11 “设置单元格格式”对话框的“边框”选项卡

灰色。

- 利用“设置单元格格式”对话框。选定单元格区域后，在“设置单元格格式”对话框中选择“图案”选项卡，操作方法与 Word 中的设置相似，这里不再赘述。
- 利用“开始”选项卡。选定单元格后，直接使用“开始”选项卡“字体”组中的按钮及下拉列表，可对选定区域进行颜色的设置。

**注意**：

(1) 使用“格式刷”按钮，可实现单元格格式的快速复制。

(2) 也可以使用类似 Word 中的自动套用表格格式来设置表格的格式。

8. 重命名工作表

将 Sheet1 改名为“计算机”，Sheet2 改名为“成绩分析”，操作方法如下。

选择“开始”选项卡，单击“单元格”组中的“格式”命令，在产生下拉菜单中选择“重命名工作表”命令，或右击要重命名的工作表标签，选择快捷菜单中的“重命名”命令，或双击重命名的工作表标签，均呈反相显示后输入新的名称。

## 相关知识

### 工作表的其他操作

1. 插入、删除工作表

在相应的工作表标签上右键单击。

注意：删除工作表时一定要慎重！工作表一旦删除无法恢复。

2. 移动、复制工作表

工作表允许在一个或两个工作簿之间移动。如果要实现工作表在不同的工作簿中移动，需将源工作簿和目标工作簿同时打开。

(1) 使用快捷菜单。

- 右击要移动的工作表标签。
- 在快捷菜单中选择“移动或复制工作表”命令。

(2) 使用鼠标拖动。单击要移动的工作表标签,按下鼠标左键,当鼠标指针呈 状时开始拖动鼠标,待小箭头移动到工作表希望的位置上时即可释放鼠标。这种操作只适用于工作表在同一工作簿内移动。复制工作表与移动工作表的操作相似,注意操作时要先按下 Ctrl 键再拖动鼠标。

**3. 隐藏或取消隐藏工作表**

若有一些特殊的表格不希望他人查看时,可以将它隐藏。在工作表被隐藏的同时工作表标签也被隐藏。操作方法如下。

右击要隐藏的工作表,在快捷菜单中选择“隐藏”命令。

**想想议议**

当工作表的行数较多时,如何保持工作表中的列标题始终可见?

**9. 使用函数和条件格式进行成绩分析**

(1) 使用 RANK 函数填充名次。在 I3 单元格处输入公式“RANK(H3,H$3:H$22)”,然后拖动填充柄向下填充,即可得到每人的名次。此处排名次用到了 RANK 函数,语法为:

```
RANK(number,ref,order)
```

其中,number 为需要找到排位的数字;ref 为包含一组数字的数组或引用;order 为一数字,指明排位的方式。如果 order 为 0 或省略,则 ref 按降序排列;如果 order 不为零则按升序排列。

(2) 利用条件格式把不及格的分数用红色突出显示。选择 F3:H22(即所有成绩),选择“开始”选项卡,单击“样式”组中的“条件格式”按钮,在弹出的菜单中选择突出显示单元格规则中的“小于”命令,弹出“小于”对话框,如图 3.12 所示。在单元格内输入相应的数值,在“设置为”列表框中选择“红色文本”选项,单击“确定”按钮即可。

图 3.12 “条件格式”对话框

**说明**:条件格式可以用在很多情况下,用于将不符合常规的数字显示。比如金额中的负值(赤字)、超预算的开支、订单少于某数的运营绩效等。

(3) 建立成绩分析工作表。在“成绩分析”工作表中输入相应内容，并根据需要自行设置格式，如图 3.13 所示。

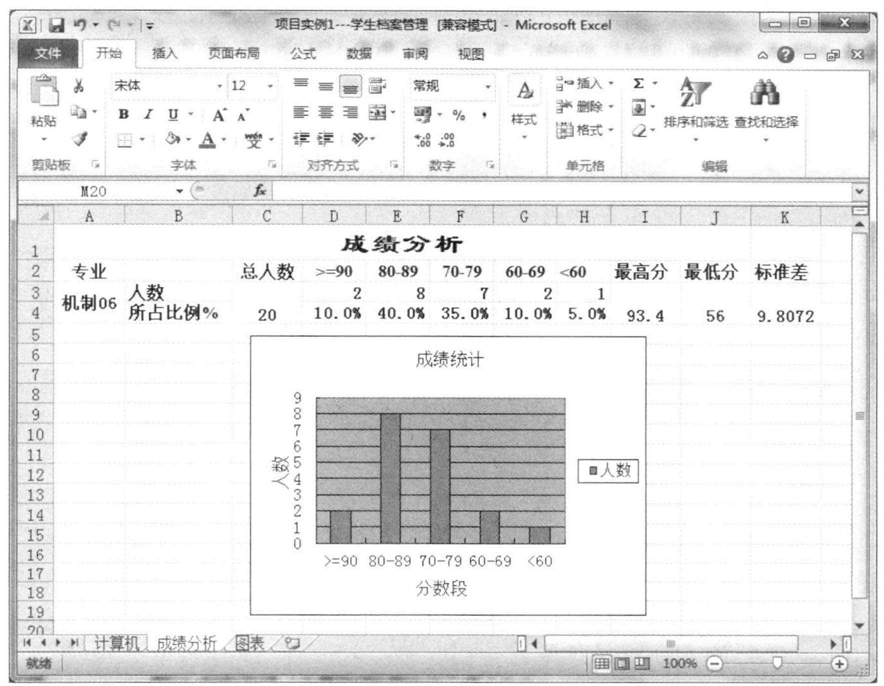


图 3.13 “成绩分析”工作表实例效果

下面统计计算机课程的分数段、最高分、最低分和标准差等。

- 总人数：在 C3 中插入函数公式“=COUNT(计算机！H3：H22)”。COUNT 函数中的参数只有数字类型的数据才被计算，所以本例可以将任一成绩列作为参数。
- 90 分以上人数：在 D3 中插入函数公式“=COUNTIF(计算机！H3：H22,">=90")”。
- 80～89 分的人数：在 D3 中插入函数公式“=COUNTIF(计算机！H3：H22,">=80")－COUNTIF(计算机！H3：H22,">=90")”。
- 70～79 分的人数：在 F3 中插入函数公式“=COUNTIF(计算机！H3：H22," >=70")－COUNTIF(计算机！H3：H22,">=80")”。
- 60～69 分的人数：在 G3 中插入函数公式“=COUNTIF(计算机！H3：H22,">=60")－COUNTIF(计算机！H3：H22,">=70")”。
- 60 分以下人数：在 D3 中插入函数公式“=COUNTIF(计算机！H3：H22,"<60")”。
- 所占比例：在 D4 中插入函数公式“=D3/＄C3”，拖动填充柄向右填充至 H4，并设置 D4 至 H4 的格式为百分比，小数位数为 1 位。
- 最高分：在 I4 中插入函数公式“=MAX(计算机！H3：H22)”。

- 最低分：在 J4 中插入函数公式"＝MIN(计算机！ H3：H22)"。
- 用 STDEV 函数计算标准差：在 I4 中插入函数公式"＝STDEV(计算机！H3：H22)"。

本例是以专业为单位来统计计算机课程的分数段、标准差等信息，也可以以班级为单位，只是在使用函数时，变量应用范围不同而已。

10. 页面设置与打印

(1) 设置打印区域。如果只想打印工作表中的部分数据，必须要设置数据清单的打印区域，否则，Excel 默认打印全部内容。

若只打印其中的部分数据，应先在工作表中选定要打印的数据区域，选择"文件"→"打印"→"打印活动工作表"→"打印选定区域"命令。右侧出现选定区域的预览。

取消已设置的打印区域，只需在上述同样的菜单中选择其他的命令即可。

(2) 设置工作表的分页。当工作表中的数据超过设置页面时，系统自动插入分页符，工作表中的数据分页打印。当然用户也可以根据需要人为地插入分页符，将工作表强制分页。

- 插入分页符。先选定作为新一页的左上角单元格；选择"页面布局"选项卡，单击"页面设置"组中的"分隔符"命令。

  起始页单元格如果选定的是第一行中的单元格，Excel 将插入垂直分页符；如果选定的是 A 列中的单元格，Excel 将插入水平分页符；如果单击的是工作表其他位置的单元格，将同时插入水平分页符和垂直分页符。
- 删除分页符。如果要删除水平分页符，单击水平分页符下方第一行中的单元格，然后选择"页面布局"选项卡，单击"页面设置"组中的"分隔符"按钮，在产生的下拉列表中选择"删除分隔符"命令即可。垂直分页符的删除与其相似。

如果要删除工作表中所有分页符，利用"分隔符"按钮产生的下拉列表中选择"重置所有分隔符"命令即可。

(3) 页面设置。打开"文件"按钮，在下拉菜单中选择"页面设置"选项，在"页面设置"对话框中完成页面、页边距、页面/页脚、工作表等设置，其中页面和页边距的设置与 Word 中的操作相似，这里不再赘述。

11. 创建图表

图表具有较好的视觉效果，可方便用户查看数据的差异、图案和预测趋势。Excel 提供了 11 种标准的图表类型，每一种类型里还有许多子图表类型和自定义类型。在 Excel 中可以创建嵌入式图表和图形图表两种。嵌入式图表是指图表和数据表放在同一张工作表中，图形图表是指图表单独放在一张工作表中。本例需要用这两种类型的图表来展示信息。

根据"成绩分析"工作表中的数据绘制簇状柱形图。要求分类轴为"各分数段"，数值轴为"各分数段人数"，图表标题为"成绩统计"，图例靠右，图表作为对象插入。

根据"成绩分析"工作表中的数据绘制二维饼图。要求分类轴为"各分数段"，数值轴为"各分数段人数"，图表标题为"成绩分析"，图例靠右，数据标志：显示类别名称和百分比且分隔符为"："，图表作为新工作表插入，工作表名为"图表"，如图 3.14 所示。

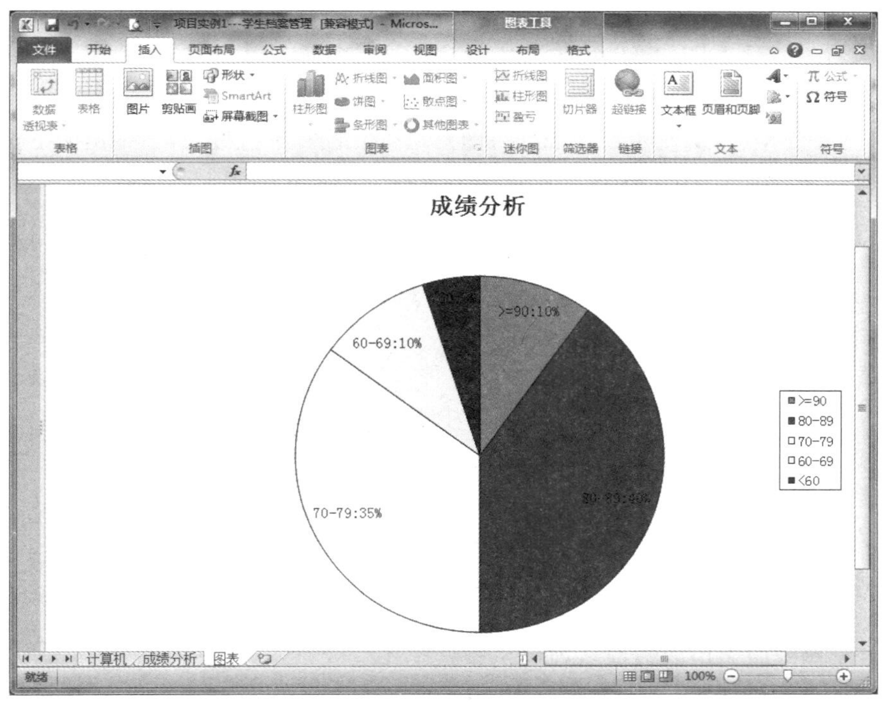


图 3.14 “图表”工作表实例效果

图表的创建常用两种方法，一种用图表向导创建，另一种用功能区创建。

(1) 利用“图表向导”创建图表。选择相应的原数据，调出“插入图表”对话框。选择“插入”选项卡，单击“图表”组对话框下拉按钮；弹出如图 3.15 所示的“插入图表”对话框。

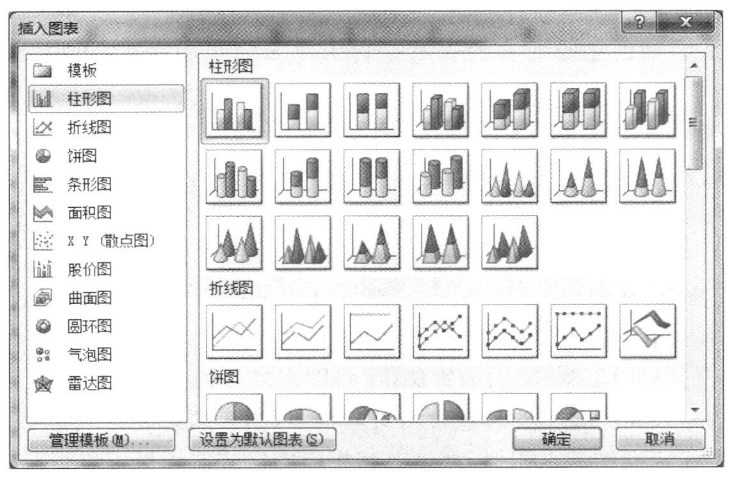


图 3.15 “插入图表”对话框

在该对话框中选择一种所需要的图表类型(本例使用的是簇状柱形图)，单击“确定”

按钮生成默认状态下的嵌入式图表。

**注意**：当工作表单元格中的数据修改后，与之对应的图表也会随着自动改变。

(2) 利用功能区创建图表。选择好相应的原数据，在“插入”选项卡中，单击“图表”组中的一种图表类型(本例使用的是二维饼图)，单击“饼图”下拉按钮，在弹出的下拉列表中选择“二维饼图”中的“饼图”选项即可自动生成一个嵌入式图表。

**注意**：按 Alt+F1 键可快速创建嵌入图表；按 F11 键可快速创建图形图表。

### 12. 图表的编辑

(1) 编辑图表中的数据系列。

- 添加数据系列，这里只介绍其中的一种。利用“添加数据”对话框添加数据序列。右击图表空白处，然后在快捷菜单中选择“选择数据”选项；在弹出的“选择数据”对话框中选定要选择添加按钮，弹出“编辑数据系列”对话框，如图 3.16 所示。

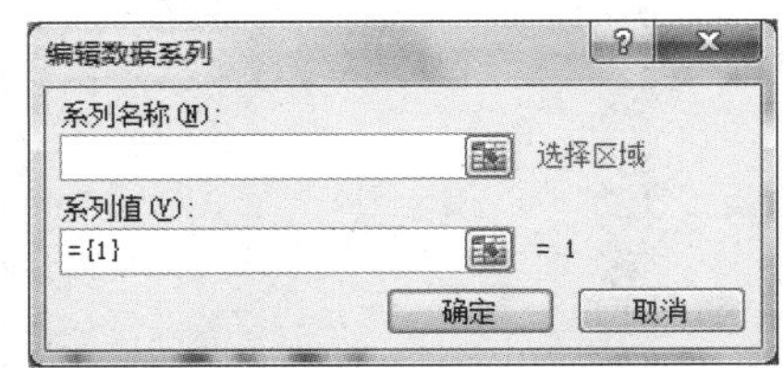

图 3.16 “编辑数据系列”对话框

- 删除数据系列。如果删除了工作表中的数据，图表中对应的序列自动同步删除；如果只是删除图表中的数据系列而不删除工作表中的数据，则在图表中单击要删除的数据序列(直方图中的直方条)，然后按 Delete 键。

(2) 更改图表类型。先选定图表，然后选择“图表工具”→“设计”标签，选择“更改图表类型”命令，在弹出的“图表类型”对话框中，重新选择图表类型。

(3) 移动与复制图表。移动图表可以改变图表的位置，也可以通过复制图表添加到其他工作表或其他文件中。

- 移动图表。如创建的嵌入图表不符合工作表的布局要求，可以通过移动图表来解决。
  - ◆ 利用鼠标拖动改变图表的位置。操作与 Word 图片移动位置操作相同，这里不再赘述。
  - ◆ 嵌入图表与图形图表位置相互转换。操作如下：选择“设计”选项卡，单击“位置”组中的“移动图表”按钮或指向图表区右击，在弹出的快捷菜单中选择“移动图表”命令，在弹出的“移动图表”对话框中进行相应的设置，然后单击“确定”按钮。本例制作的是图形图表。
- 复制图表。利用复制/粘贴的方法，可将图表复制到其他工作表中。

(4) 图表的格式化。每个图表包含的对象很多，图表的组成如图 3.17 所示。

各对象的格式化操作基本相似，都是在其相应的格式对话框中进行设置，打开格式对话框的方法有以下三种。

- 直接双击要格式化的对象。
- 右击选定对象，在弹出的快捷菜单中选择“设置数据系列格式”命令。

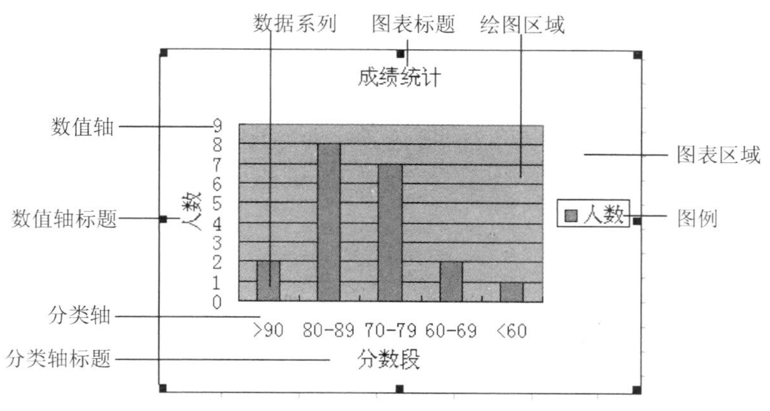


图 3.17　图表的基本组成

• 单击要格式化的对象，选择"图表工具"→"格式"标签。

比如，本例中需要设置数值轴的主要刻度单位为1。操作方法：双击数值轴，显示"设置坐标轴格式"对话框，选择坐标轴选型命令按钮，如图3.18所示，在主刻度单位中输入1即可。

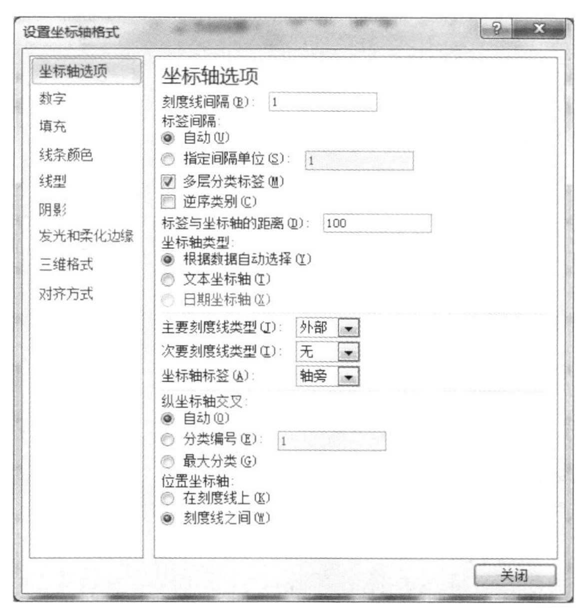


图 3.18　"设置坐标轴格式"对话框

**注意**：只有在选定图表后才会出现"图表工具"选项卡。

## 3.2.3　项目进阶

上述步骤基本完成了项目要求，如果项目的需求发生改变，可以进一步完善，比如可以添加以下的功能：

(1) 添加“学历”列标题，并用 IF 函数根据学制的不同来填充该列：3 年填充“专科”，4 年填充“本科”，5 年填充“专接本”。

(2) 使用 DATE 函数计算毕业时间（入学时间＋学制，只考虑年，不用考虑月）。

(3) 制作饼形图来显示学生学历的比例情况。

### 3.2.4 项目交流

(1) 在本项目实现过程中，你体验到了 Excel 的哪些特色？与 Word 有哪些不同？遇到了哪些困难，是如何解决的？还有哪些功能需要进一步完善？

(2) Excel 的函数和图表的功能非常强大，分析 Excel 函数和图表的分类及应用，并引入到日常生活的实例中。

分组进行项目交流讨论会，并交回讨论记录摘要，记录摘要内容包括时间、地点、主持人（即组长，建议轮流当组长）、参加人员、讨论内容等。

## 3.3 项目实例 2：教师工资管理

### 3.3.1 项目要求

本项目实例需要建立一个教师工资管理数据库，并对数据进行查找、排序、筛选、分类汇总、数据透视等简单的数据库管理。

### 3.3.2 项目实现

1. 建立数据库

建立数据库首先要考虑数据库的结构，即设定该数据库包括哪些字段、每个字段的名称和字段值的类型各是什么，以及各字段的排列顺序。

建立数据库的基本步骤如下。

(1) 打开一张空白工作表。

(2) 在第一行各列中依次输入字段名，如本例中的“工号”“部门”“姓名”“性别”和“婚否”等。

(3) 输入各记录的值。

2. 数据库的编辑

(1) 编辑数据。在工作表中直接修改。双击被修改数据所在单元格，使单元格处于编辑状态，在单元格内直接修改。

(2) 编辑记录或字段。

- 增加记录：可以利用向工作表插入空行来增加一条记录。

- 删除记录：首先选定要删除的记录（一个或若干个），然后选择“开始”选项卡中的“删除”按钮。
- 增加字段：利用插入空列的方法增加字段。
- 删除字段：利用删除工作表中的列来删除字段。

3. 排序操作

Excel 记录中的数据可以按照升序或降序两个方式进行排序，记录清单中的标题行不应参加排序。用于排序的字段称为“关键字”，在排序中可以使用一个或多个关键字。当按多个关键字排序时，首先起作用的是主关键字，只有当主关键字相同时，次关键字才起作用，依此类推。Excel 的排序规则如下。

- 数值排列顺序：从最小的负数到最大的正数。
- 文本排列顺序：若是字符或字符中含有数字的文本，则按每个字符对应的 ASCII 码值排列；若是汉字，则既可以按汉语拼音的字母顺序排序，也可以按照汉字的笔画排序。
- 逻辑值中 False 排在 True 的前面。
- 空格排在所有字符的后面。

本例中，假如单位只有一个涨工资的名额，原则是照顾那些工龄较长而基本工资又较低的教师，下面利用排序的方法来解决这个问题，有两种方法排序操作。

(1) 按单关键字排序。比如，本例先按工龄降序排序来找出最优先涨工资的那名教师，具体操作步骤如下。

- 单击关键字字段“工龄”对应列中的任一单元格。
- 在数据选项卡上，单击“升序”按钮 A↓Z（Z↓A 为“降序”按钮）即可完成排序。

(2) 按多关键字排序。本例按工龄降序排序后，有 10 个教师工龄都是 30 年，该给哪位教师涨工资呢？对于在单关键字的排序中遇到关键字段值相同的情况，若想进一步排序，则需要使用多关键字排序，具体操作步骤如下。

- 单击数据清单内的任一单元格。
- 选择“数据”选项卡，单击“排序”按钮，出现“排序”对话框，如图 3.19 所示。默认是只有一个关键字，可以单击添加条件按钮，增加关键字。

图 3.19 “排序”对话框

• 在“主要关键字”和“次要关键字”下拉列表中选择字段名，并选定排序方向。

• 单击“确定”按钮完成排序。

(3) 自定义排序。在 Excel 中，在排序时如果要对字母区分大小写，或用户要按照自己定义的序列排序，那么可在上面的“排序”对话框中单击“选项”按钮，在弹出的“排序选项”对话框中进行相应的选择，如图 3.20 所示。

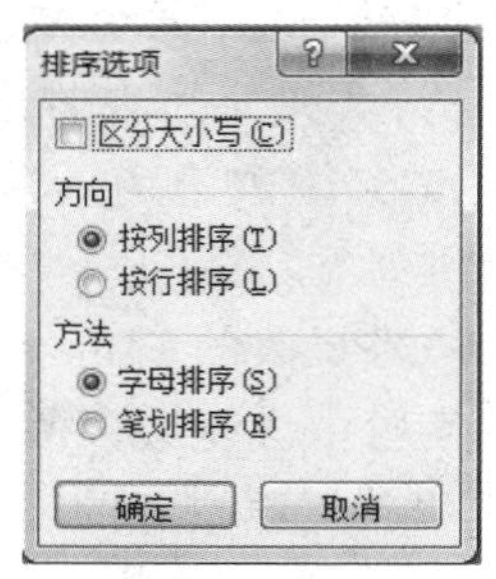


图 3.20 “排序选项”对话框

 **说明**：自定义排序次序的添加操作参见 3.2.2 节中的相关内容。

**4. 数据筛选——自动筛选**

筛选就是从数据清单中选出满足条件的记录显示，把不满足条件的记录隐藏起来。Excel 提供了自动筛选和高级筛选两种操作。

如果希望在数据清单中只显示满足条件的记录，隐藏不满足条件的记录，可使用自动筛选功能实现。比如，本例要分别查看“工龄”较长的前 5 名教师，以及职称为教授和副教授的教师，具体操作如下。

(1) 单击数据清单内的任一单元格。

(2) 选择“数据”选项卡，单击“排序和筛选”组中的“筛选”按钮，此时每一个字段名右侧显示一个小箭头▼，称为“筛选”箭头。

(3) 单击箭头，出现下拉列表，如图 3.21 所示。

其中，前三项是与排序相关的命令，选择数字筛选中的自定义筛选命令，弹出如图 3.22 所示的对话框，由用户给定的条件进行筛选。在本例中要查看“工龄”较长的前 5 名的教师，应单击“工龄”字段的筛选箭头，然后选择“10 个最大的值”选项，再选择“最大”项，在数字框中输入“5”，单击“确定”按钮即可筛选出满足条件的记录，如图 3.23 所示。

然后再做职称的筛选，单击“职称”字段的筛选箭头，在下拉列表中选择“文本筛选”中的“等于”，在对应下拉列表中选择“教授”；再选中“或”选项；在对应下拉列表中选择“副教授”，单击“确定”按钮即可筛选出满足条件的记录。

**5. 数据筛选——高级筛选**

有时需要将筛选的结果放置在新的工作区显示，而不影响原数据清单中的记录显示，显然自动筛选不能实现。下面用高级筛选来实现复杂条件的筛选，为方便操作，在进行此操作之前先将“教师工资管理”表中的 A1:M23 区域复制到 Sheet2 中，并将 Sheet2 改名为“高级筛选”,操作步骤如下。

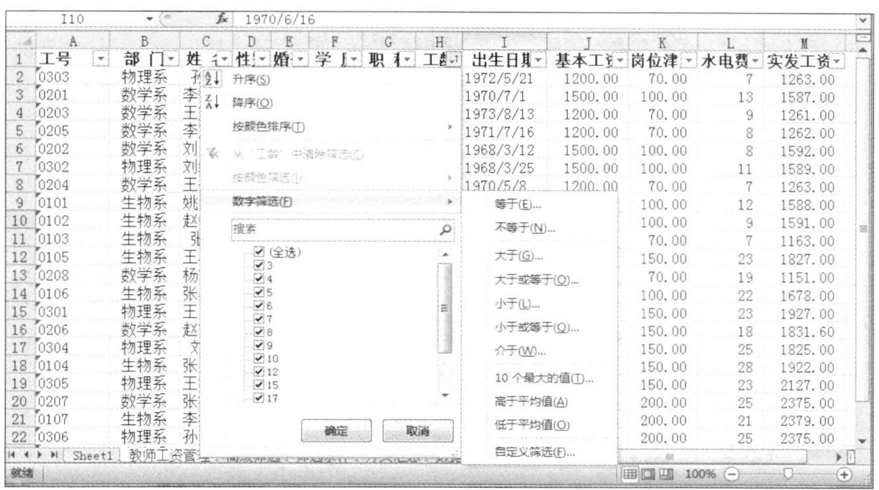


图 3.21 “自动筛选”状态的标题行字段的下拉列表

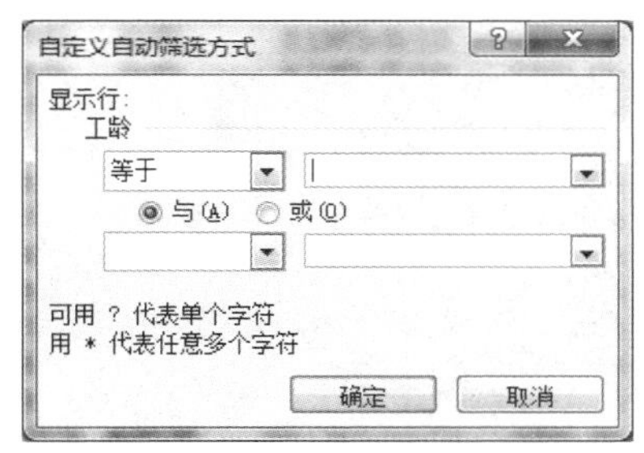


图 3.22 “自定义自动筛选方式”对话框

图 3.23 “自动筛选前 10 个”对话框

(1) 条件区域的建立。在高级筛选中,首先建立一个条件区域,用来指定筛选数据必须满足的条件。

> **想想议议**
>
> 想查找部门为生物系、且基本工资大于或等于 2000 元的教师?怎样在筛选之后再次显示全部信息。

条件区域的书写规则如下。

- 条件区域的位置选在工作表的空白处,与数据清单间至少空一行或一列为佳。
- 在条件区域的首行写入筛选条件中用到的字段名,且必须连续。字段名保证拼写正确,要与数据清单中的完全一致,包括字符之间的空格。最好是直接复制数据清单中的字段名到条件区。
- 在对应字段名的下方输入条件值。写在同一行表示“与”的关系;写在不同行表示“或”的关系。

图 3.24 给出了输入不同筛选条件时的格式。其中：

(a) 表示筛选“基本工资”在 1500～2000 元之间的记录。

(b) 表示筛选“基本工资”在 2000 元以上或“岗位津贴”在 100 元以下的记录。

(c) 表示筛选出生物系和数学系两个部门中“基本工资”在 1500 元以上的记录。

(2) 高级筛选的操作步骤如下：

- 在工作表中选定一个条件区域，输入筛选条件(b)。
- 单击数据清单中的任一单元格。
- 选择“数据”选项卡，单击“排序和筛选”组中的“高级”命令，弹出“高级筛选”对话框，如图 3.25 所示。
- 在“列表区域”框中，选定被筛选的数据清单的范围。通常系统自动选定当前的数据清单，若要改变默认的筛选范围，在工作表中重新选定区域。
- 在“条件区域”框中，选定放置筛选条件的区域。
- 如果将筛选结果与原记录清单同时显示，需在“方式”栏中选中“将筛选结果复制到其他位置”选项，然后将光标移到“复制到”框中，在工作表中单击放置筛选结果的起始单元格，单击“确定”按钮。

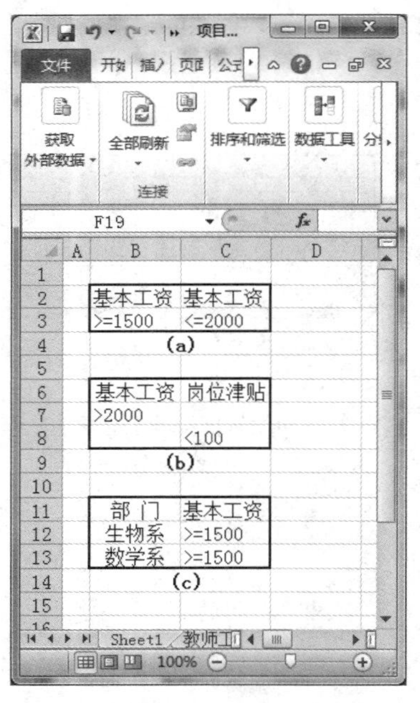

图 3.24　筛选条件的输入样式

图 3.25　“高级筛选”对话框

### 6. 分类汇总——按部门分类求出各部门实发工资的平均值

分类汇总是将数据清单中的同类数据进行统计。它们的特点是在统计前先将同类别的数据排放在一起，然后再进行数据的统计运算，因此要实现分类汇总操作必须先按分类字段排序。分类汇总可以完成分类求和、分类求平均值、分类求最大值和分类求最小值等运算。分类汇总包括两种：一种是简单分类汇总，另一种是多重分类汇总。这里以简单分类汇总为例，操作如下。

(1) 确定分类字段，并以该字段排序，如按“部门”排序。

(2) 选择“数据”选项卡，单击“分级显示”组中的“分类汇总”按钮，弹出“分类汇总”对话框，如图 3.26 所示。

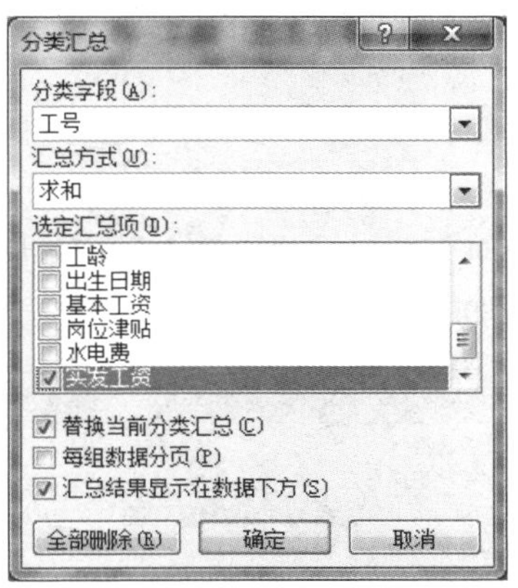

图 3.26 “分类汇总”对话框

(3) 在“分类字段”下拉列表中选择分类字段，比如，选择“部门”；在“汇总方式”下拉列表中选择汇总方式，比如，选择“平均值”，在“选定汇总项”列表中选择要汇总的字段名，比如，选择“实发工资”。

(4) 单击“确定”按钮完成汇总，汇总结果如图 3.27 所示。

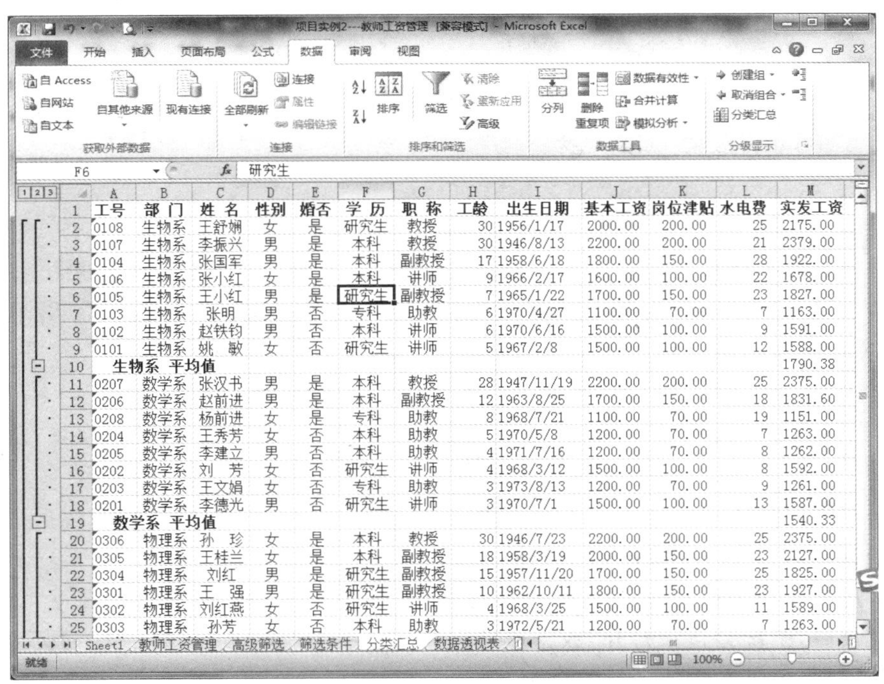

图 3.27 求各部门实发工资平均值的汇总结果

### 7. 数据透视表

分类汇总实现按字段进行分类，将计算结果分级显示出来。数据透视表功能可以按多个字段进行分类汇总。数据透视表是交互式报表，可快速合并和比较大量数据。

下面统计每个部门中不同职称教师的平均实发工资，操作如下。

(1) 单击数据清单中的任一单元格。

(2) 调出数据透视表向导对话框。选择“插入”选项卡，单击“表格”组中的“数据透视表”按钮，弹出如图 3.28 所示的对话框。

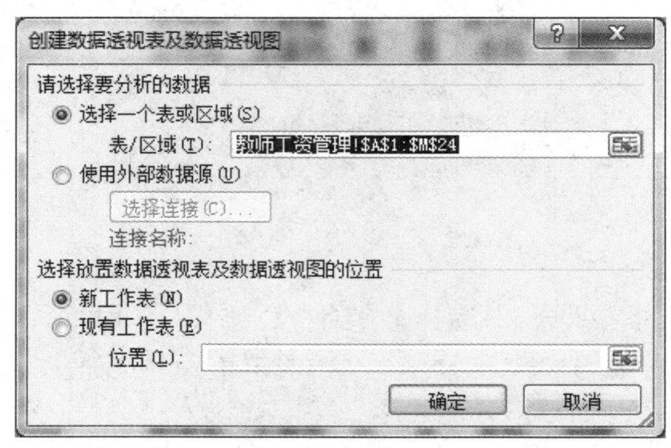


图 3.28 “创建数据透视表及数据透视图”对话框

> **想想议议**
>
> 观察窗口左侧出现分级显示区，注意与 Windows 资源管理器的树形目录的不同之处和相同之处。如何删除汇总结果？

(3) 指定数据区域。

(4) 确定数据透视表的位置。选择新工作表，单击“确定”按钮，弹出如图 3.29 所示窗口。本例将“部门”字段拖至行区域，“职称”字段拖至列区域，将“实发工资”字段拖至数据区域，完成的数据透视表如图 3.30 所示。

## 3.3.3 项目进阶

上面使用数据透视表实现了交互式报表，还可以通过进一步编辑修改数据透视表或者是数据透视图来实现更多的数据分析。

数据透视表的编辑修改可借助“数据透视表”工具栏完成。在默认情况下，创建一个数据透视表后，系统会自动打开“数据透视表”工具栏。利用“数据透视表工具”可以重新设置列表签，行标签和数值区域等项目。

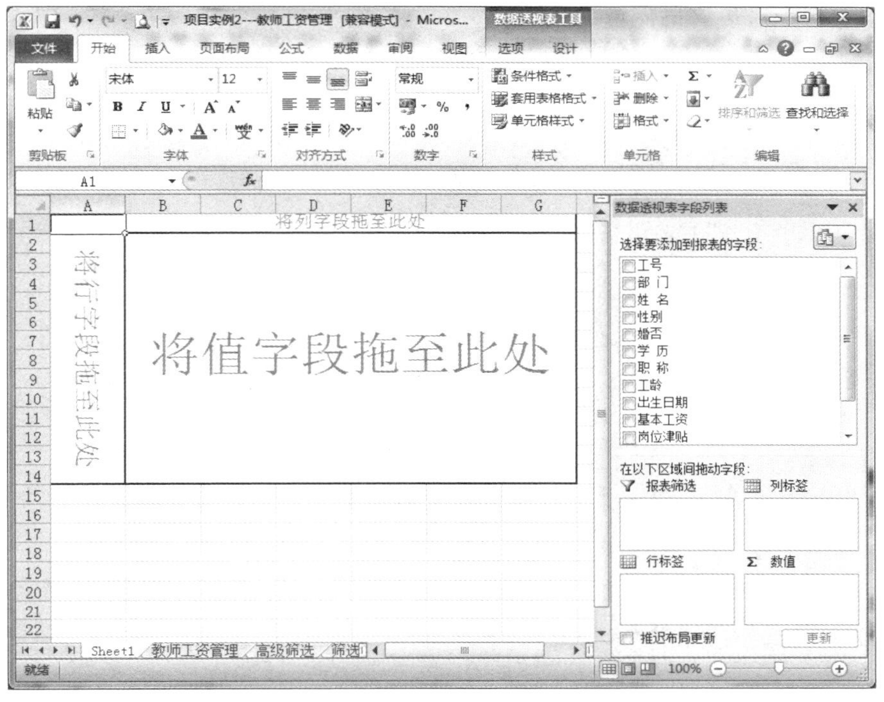


图 3.29 数据透视表布局图

| | A | B | C | D | E | F |
|---|---|---|---|---|---|---|
| 1 | 平均值项:实发工资 | 职 称 | | | | |
| 2 | 部 门 | 副教授 | 讲师 | 教授 | 助教 | 总计 |
| 3 | 生物系 | 1874.5 | 1619 | 2277 | 1163 | 1790.375 |
| 4 | 数学系 | 1831.6 | 1589.5 | 2375 | 1234.25 | 1540.325 |
| 5 | 物理系 | 1959.666667 | 1589 | 2375 | 1263 | 1851 |
| 6 | 总计 | 1909.933333 | 1604.166667 | 2326 | 1227.166667 | 1715.981818 |

图 3.30 创建的数据透视表

## 3.3.4 项目交流

在日常生活中,Excel能为你提供哪些帮助?除Excel外,你还了解哪些电子表格软件?这些软件的知识结构,即文档建立、数据录入与编辑、美化表格、数据计算、数据分析、打印输出、文档保存等方面是不是相同?学习了Excel,其他类似功能的软件是不是会融会贯通?

分组进行项目交流讨论会,并交回讨论记录摘要,记录摘要内容包括时间、地点、主持人(即组长,建议轮流当组长)、参加人员、讨论内容等。

# 3.4 实验实训

## 3.4.1 Excel 工作表的编辑

### 3.4.1.1 实验实训目标

1. 实验目标

(1) 掌握工作簿、工作表、单元格基本操作。

(2) 掌握数据清单的建立、编辑与格式化操作。

(3) 掌握页面设置的基本操作。

2. 实训目标

培养根据需要建立数据清单并利用公式和函数对数据进行计算的能力。

### 3.4.1.2 主要知识点

(1) Excel 窗口元素组成。

(2) 工作表的操作：选定工作表、插入/删除工作表、命名工作表、调整工作表顺序、工作表的格式化等。

(3) 单元格的操作：单元格中数据输入、编辑及格式化；单元格的选定、合并/拆分等。

(4) 页面设置：设置纸张类型与方向、设置页边距、设置页眉和页脚等。

### 3.4.1.3 基本技能实验

1. 数据清单编辑与格式设置

(本题使用“电子表格处理 1\基本技能实验\1”文件夹)

打开工作簿 Excel1_jbjn1.xlsx，完成如下操作后按原文件名保存。

在 Sheet1 中：

(1) 按公式“总分＝语文＋数学＋外语”计算“总分”列。

> **提示**：求合计时可以单击“开始”选项卡“编辑”组中的“自动求和”按钮快速完成。

(2) 计算“语文”“数学”“外语”“总分”列的平均值，并填写到第 14 行对应列的单元格中。

(3) 冻结工作表的第 1 行和前两列。

在 Sheet2 中：

(1) 设置标题：“年奖金发放表”的格式为楷体、14 磅、加粗、蓝色，将 A1～E1 列合并居中。

提示：对于合并单元格操作，应先选中要合并的单元格之后再执行合并及居中操作，而不要直接单击行号按钮选定整行来代替选中要合并的单元格。

(2) 设置 A2:E15 单元格：所有边框线设置为较细的实线；橙色底纹。

(3) 设置 B4:E15 单元格：数据格式为数值型第 4 种，保留 2 位小数；底纹改为"20%-强调文字颜色 1"的主题单元格样式。

(4) 设置页面：A4 纸横向；上、下边距设置为 2.4cm，左、右边距设置为 1.8cm；页脚文字"奖学金发放"，居中对齐。

(5) 打印预览。

2. "助学贷款清单"的制作

(本题使用"电子表格处理 1\基本技能实验\2"文件夹)

在新工作簿 Sheet1 中完成以下编辑工作，将此工作簿保存为 Excel1_jbjn2.xlsx。

(1) 建立如图 3.31 所示的数据清单。

| | A | B | C | D | E | F | G |
|---|---|---|---|---|---|---|---|
| 1 | 学生姓名 | 借贷日 | 借贷金额 | 期限 | 贷款利率 | 还贷日 | 还贷金额 |
| 2 | 黎明 | 2009-1-1 | 36000 | 5 | | | |
| 3 | 武东 | 2009-2-1 | 28000 | 5 | | | |
| 4 | 李芳 | 2009-3-1 | 35000 | 8 | | | |
| 5 | 林芳 | 2009-4-1 | 28000 | 8 | | | |
| 6 | 王小妹 | 2009-5-1 | 25000 | 10 | | | |
| 7 | 潘梅 | 2009-5-1 | 30000 | 10 | | | |
| 8 | 张志强 | 2009-1-1 | 32000 | 5 | | | |
| 9 | 王鲜明 | 2009-1-1 | 40000 | 8 | | | |
| 10 | 韩小寒 | 2009-2-1 | 30000 | 10 | | | |
| 11 | 方雷 | 2009-2-1 | 28000 | 10 | | | |
| 12 | 王民华 | 2009-2-1 | 25000 | 8 | | | |
| 13 | | | | | | | |
| 14 | | | | | | | |

图 3.31 助学贷款清单

(2) 在顶端插入一行，行高 35；左端插入一列。

(3) 合并单元格 A1:H1，在合并后的单元格中输入"助学贷款清单"，设置字体为黑体、蓝色，字号大小为 20，水平居中，垂直靠上。

(4) 在 A2 单元格输入"班级名称"；合并单元格 A3:A6、A7:A9、A10:A11、A12:A13。

(5) 在 A 列合并后的单元格中依次输入"01""02""03""04"，将数据设置为水平居中、垂直居中。

(6) 如下填充数据：

- 填充"贷款利率"：贷款利率＝1.5＋0.1×期限。
- 填充"还贷日"：利用借贷日和期限进行函数计算(提示：使用 DATE 函数)。

**提示**：DATE 函数有 3 个参数，名称分别是 Year、Month、Day，其所需输入的数据类型均应为数值型，参数的有效范围是 Year 为 1904～9999，Month 为 1～12，Day 为 1～31。例如在利用第一位同学的借贷日(C3)和期限(E3)求其还贷日时，要注意先使用 Year(C3)、Month(C3)、Day(C3)获取借贷日期的年、月、日，再用借贷日期的年加上期限：Year(C3)＋E3，得到还贷日的年，然后把 Year(C3)＋E3、Month(C3)、Day(C3)分别作为 DATE 函数的 3 个参数，利用 DATE 函数求出还贷日，如图 3.32 所示。

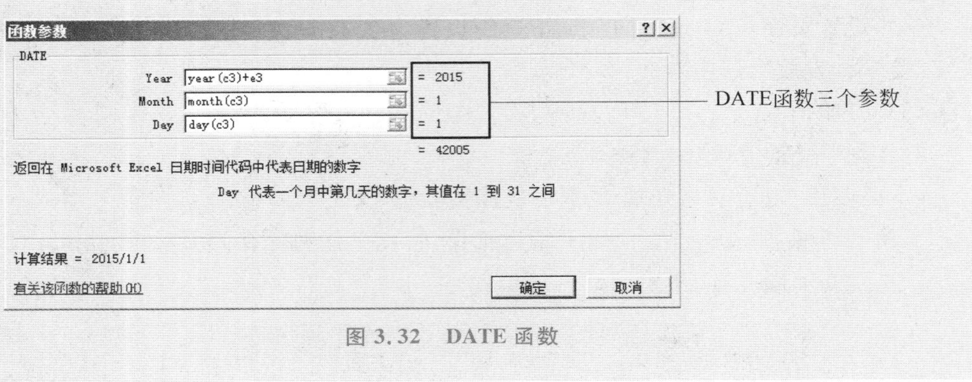


图 3.32　DATE 函数

- 填充“还贷金额”：还贷金额＝借贷金额×(1＋贷款利率×期限/100)。

(7) 设置数据格式：

- 借贷日：日期型，自定义格式“yyyy-mm-dd”，如 2009-01-09。
- 贷款利率：数值型第 4 种，保留 2 位小数。

**小贴士**：

(1) 注意“纯数字文本”输入时以英文半角单引号开头，或者先将单元格设置为文本型，防止 Excel 将输入的纯数字默认为数值型。

(2) 输入负数时，在数字前面直接输入一个“-”或是为数字加一对圆括号。

(3) 单元格中出现“＃＃＃＃＃＃”“＃N/A”等提示信息的含义及解决方法请查阅本实验之后的附录。

(4) 函数一般包括 3 部分：等号(＝)、函数名、参数，如“＝sum(a1：a6)”，表示求单元格 A1：A6 内所有数据之和。

(5) 在多个单元格中同时输入相同的文本内容。操作方法：选定要输入同一文本内容的单元格区域；在编辑栏中，输入文本内容；光标定位在编辑栏按下 Ctrl＋Enter 组合键，此时在编辑栏中输入的文本内容全部填充到了所选定的各个单元格中。

(6) 输入函数时，如不清楚需要插入的函数名，可在“插入函数”对话框的“搜索函数”文本框中输入要搜索的函数关键字，如输入“求平均值”，单击“转到”按钮，系统自动搜索出符合条件的所有函数，选择需要的函数插入即可。

(7) 在单元格内输入的数据以多行显示时，可以设置单元格的格式为自动换行，也可以在单元格中输入文本时按下 Alt+Enter 组合键强制换行。

3. "水电费清单"的编辑与格式设置

(本题使用"电子表格处理 1\基本技能实验\3"文件夹)

打开工作簿 Excel1_jbjn3.xlsx，完成以下操作后保存。

(1) 在顶端插入一行，合并 A1：F1，输入标题"物业管理中心代收水电气费清单"。

(2) 计算需缴费用：需缴费用=用水量×水费标准+用电量×电费标准+用气量×煤气费标准。

**提示**：计算需缴费用时对费用标准应该使用绝对引用，否则公式拖动填充时会出错。

(3) 求用水量、用电量、用气量、需缴费用的合计。

(4) A1 单元格设置格式：水平居中，垂直居中，楷体，20 号字。

(5) A2：F27 设置自动套用表格格式：样式为"表样式中等深浅 12"。

(6) A30：B32 单元格设置：边框线为较细的单线，单元格底纹为第 4 行第 4 种颜色。

**提示**：美化工作表时，可利用条件格式把不同层次的数据设置为不同的格式，加以区分。

(7) F3:F26 区域设置条件格式：500 以上(含)为红色加粗字体，400 以下(含)为蓝色倾斜字体。

#### 3.4.1.4 综合实训项目

1. 建立和编辑学生档案管理表

(本题使用"电子表格处理 1\综合实训项目\1"文件夹)

参照本章项目实例 1，建立和编辑学生档案管理表，完成后保存为 Excel1_zhsx1.xlsx。

2. 校园歌手比赛成绩统计排名

(本题使用"电子表格处理 1\综合实训项目\2"文件夹)

打开工作簿 Excel1_zhsx2.xlsx，参考样张图片 Excel1_zhsx2_样张.jpg，利用公式和函数给校园歌手比赛进行成绩统计排名，使得全部评委给分后能自动得到每位选手的最后得分和排名。完成后保存。

校园歌手成绩评分标准：比赛满分为 10 分。7 个评委打分后去掉一个最高分和一个最低分，汇总后取平均分，然后依据分数高低排出名次。

小贴士：

(1) 利用 SUM 函数对每位歌手成绩求和；利用 MAX 和 MIN 函数求出每位歌手的最高分和最低分。

(2) 求平均分时不要使用 AVERAGE 函数，因为此处不是直接对单元格区域求平均分。

(3) 利用 RANK 函数求排名，第二个参数是参与排名的单元格区域，注意使用绝对引用。

(4) 在 Excel 中，默认情况下，系统对汉字是按照字母 A～Z 的顺序进行排序的，但也可以将汉字按照汉字的笔划进行排序。

3. 制作收支流水账管理表

(本题使用"电子表格处理 1\综合实训项目\3"文件夹)

参考模板中的"个人预算表"，建立一个个人收支流水账管理表，记下自己的收入和支出情况，并在学期末进行统计分析：自己支出较多的地方在哪里？哪些方面可以节省？完成后保存为 Excel1_zhsx3.xlsx。

### 3.4.1.5 实训拓展项目

1. 学生成绩评价

(本题使用"电子表格处理 1\实训拓展项目\1"文件夹)

打开工作簿 Excel1_sxtz1.xlsx，求出总分及平均分，用 IF 函数对每位同学的平均分进行评价。完成后保存。

评价标准：[90,100]为优，[80,90)为良，[70,80)为中，[60,70)为及格，[0,60)为不及格。

小贴士：

If 函数可以多层嵌套使用，用于根据 N 个条件区分 N+1 种情况。但最多可以嵌套 64 层。

2. 制作九九乘法表

(本题使用"电子表格处理 1\实训拓展项目\2"文件夹)

新建一个工作簿，在 Sheet1 工作表中，使用 IF 函数结合单元格混合地址的引用，制作九九乘法表，如图 3.33 所示。制作完成后以 Excel1_jbjn2.xlsx 文件名保存。

**提示：**在 B3 单元格中输入公式：=IF($A3>=B$2,B$2 & "*" & $A3 & "=" & B$2*$A3,"")，然后利用 B3 单元格的填充柄向下填充到 B11 结束，再拖动 B11 的填充柄向右填充到 J11 单元格，再拖动 C11、D11…J11 单元格的填充柄向上填充即可完成如图 3.33 的要求。

| | A | B | C | D | E | F | G | H | I | J |
|---|---|---|---|---|---|---|---|---|---|---|
| 1 | 九九乘法表 | | | | | | | | | |
| 2 | | 1 | 2 | 3 | 4 | 5 | 6 | 7 | 8 | 9 |
| 3 | 1 | 1*1=1 | | | | | | | | |
| 4 | 2 | 1*2=2 | 2*2=4 | | | | | | | |
| 5 | 3 | 1*3=3 | 2*3=6 | 3*3=9 | | | | | | |
| 6 | 4 | 1*4=4 | 2*4=8 | 3*4=12 | 4*4=16 | | | | | |
| 7 | 5 | 1*5=5 | 2*5=10 | 3*5=15 | 4*5=20 | 5*5=25 | | | | |
| 8 | 6 | 1*6=6 | 2*6=12 | 3*6=18 | 4*6=24 | 5*6=30 | 6*6=36 | | | |
| 9 | 7 | 1*7=7 | 2*7=14 | 3*7=21 | 4*7=28 | 5*7=35 | 6*7=42 | 7*7=49 | | |
| 10 | 8 | 1*8=8 | 2*8=16 | 3*8=24 | 4*8=32 | 5*8=40 | 6*8=48 | 7*8=56 | 8*8=64 | |
| 11 | 9 | 1*9=9 | 2*9=18 | 3*9=27 | 4*9=36 | 5*9=45 | 6*9=54 | 7*9=63 | 8*9=72 | 9*9=81 |
| 12 | | | | | | | | | | |

图 3.33　九九乘法表

3. **Rank** 函数的应用

（本题使用“电子表格处理 1\实训拓展项目\3”文件夹）

打开工作簿 Excel1_sxtz3. xlsx，参考样张图片 Excel1_ jbjn3_样张. jpg，用 RANK 函数对不连续的单元格中的数据进行排名。

小贴士：

（1）为了减少引用多个不连续单元格的烦琐输入，提高公式的可读性，Excel 提供了定义名称功能。在本例中，要想计算不连续的单元格的数据，可以把要排名的不连续的单元格区域先命名一个名称，如图 3.34 所示。或直接在地址栏中快速命名一个名称；然后在 RANK 函数的区域参数部分写上刚命名的名称就可以了，如图 3.35 所示。

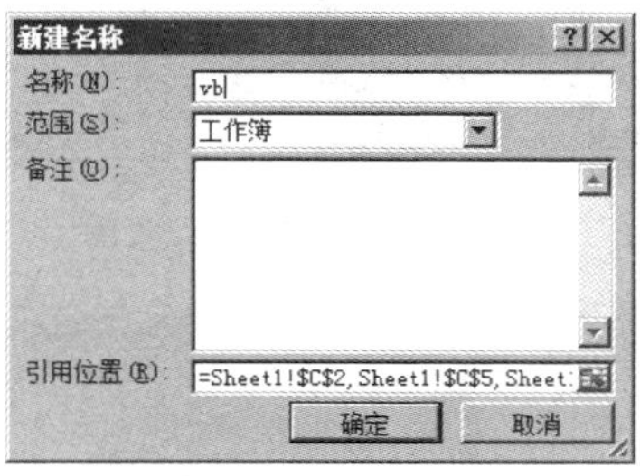


图 3.34　单元格区域命名

SUM　=rank(C2, vb)

| | A | B | C | D | E | F |
|---|---|---|---|---|---|---|
| 1 | 班级 | 学科 | 平均成绩 | VB名次 | 文计名次 | 英语名次 |
| 2 | 英语1 | VB程序设计 | 92 | =rank(C2, vb) | | |
| 3 | | 计算机文化基础 | 90 | RANK(number, ref, [order]) | | |
| 4 | | 大学英语 | 88 | | | |
| 5 | 英语2 | VB程序设计 | 87 | | | |
| 6 | | 计算机文化基础 | 94 | | | |
| 7 | | 大学英语 | 85 | | | |
| 8 | 英语3 | VB程序设计 | 94 | | | |
| 9 | | 计算机文化基础 | 88 | | | |
| 10 | | 大学英语 | 96 | | | |
| 11 | | | | | | |

图 3.35　RANK 函数中引用单元格区域名称

（2）本题结合 IF 函数可快速求出各班的学科成绩名次。

**4. 改变公式中单元格引用方式**

(本题使用"电子表格处理 1\实训拓展项目\4"文件夹)

打开工作簿 Excel1_sxtz4. xlsx,根据成绩表中所给数据,已经在 F2 单元格中用公式得到一句语言描述"张三的语文成绩是 80 分。",并进行了公式拖动填充。可除 F2 单元格外,其他由公式填充得到的语言描述结果并不正确,试分析原因并修改 F2 单元格中的公式,使用公式填充后在 F2：H6 区域内的结果都正确。完成后保存。

**5. 制作毕业倒计时牌**

(本题使用"电子表格处理 1\实训拓展项目\5"文件夹)

新建一个工作簿,利用 TODAY 函数,在 Sheet1 工作表中制作一个毕业倒计时牌。以图 3.36 样式为参考。制作完成后保存为 Excel1_zhsx5. xlsx。

图 3.36　倒计时牌样式图

小贴士：

倒计时间等于毕业时间减去今天的时间。B4 单元格中输入"=Today()",B5 单元格中输入"=B3-B4"即可计算出毕业倒计时天数。

**6. Countif 函数应用**

(本题使用"电子表格处理 1\实训拓展项目\6"文件夹)

打开工作簿 Excel1_sxtz1. xlsx,用 CountIf 函数对平均分进行统计是否有重分,以图 3.37 样式为参考,完成后保存并改名为 Excel1_sxtz6. xlsx。

在 H2 单元格中输入公式"=IF(COUNTIF($F$2：$F$13,F2)>1,"有","无"))",公式中的 COUNTIF($F$2：$F$13,F2)函数值如果等于 1,表示无重分;如大于 1,表示有重分。

| | A | B | C | D | E | F | G | H |
|---|---|---|---|---|---|---|---|---|
| 1 | 姓名 | 语文 | 数学 | 外语 | 总分 | 平均分 | 评价 | 平均分中是否有重分 |
| 2 | 刘志斌 | 95 | 96 | 88 | 279 | 93 | 优 | 无 |
| 3 | 张华 | 79 | 82 | 92 | 253 | 84 | 良 | 有 |
| 4 | 王晓明 | 83 | 77 | 55 | 215 | 72 | 中 | 有 |
| 5 | 高维 | 88 | 65 | 70 | 223 | 74 | 中 | 无 |
| 6 | 王宁宁 | 80 | 57 | 69 | 206 | 69 | 及格 | 无 |
| 7 | 李正鑫 | 62 | 70 | 83 | 215 | 72 | 中 | 有 |
| 8 | 董伟东 | 66 | 76 | 95 | 237 | 79 | 中 | 无 |
| 9 | 温学丽 | 71 | 83 | 96 | 250 | 83 | 良 | 无 |
| 10 | 张蕾 | 79 | 87 | 83 | 249 | 83 | 良 | 无 |
| 11 | 马丽娜 | 83 | 91 | 85 | 259 | 86 | 良 | 无 |
| 12 | 耿国涛 | 84 | 94 | 75 | 253 | 84 | 良 | 有 |
| 13 | 郭敏 | 95 | 86 | 66 | 247 | 82 | 良 | 无 |
| 14 | | | | | | | | |

图 3.37 利用 COUNTIF 函数统计结果

## 3.4.2 Excel 图表的基本操作

### 3.4.2.1 实验实训目标

1. 实验目标

(1) 了解几种常用图表的构成元素和特点。

(2) 掌握几种常用图表的创建过程和编辑修改操作。

2. 实训目标

培养根据需要创建和编辑不同类型图表的能力。

### 3.4.2.2 主要知识点

(1) 图表的概念和构成元素。

(2) 图表的创建：利用“图表”组创建图表或使用“插入图表”对话框创建图表。

(3) 图表的操作：包括更改图表类型、改变图表位置及图表格式化等。

### 3.4.2.3 基本技能实验

1. 创建和编辑簇状柱形图

(本题使用“电子表格处理 2\基本技能实验\1”文件夹)

打开工作簿 Excel2_jbjn1.xlsx，完成如下操作后保存。

(1) 根据 Sheet1 工作表中的数据建立嵌入式图表。

- 图表类型：二维簇状柱形图。

**提示：**簇状柱形图是一种二维图表，用于显示一段时间内数据的变化，或者显示不同项目之间的对比。用水平轴显示分类，用垂直轴显示数值，其显示的数据一般由多个系列和多个分类组成。与柱形图功能类似的是条形图，它用垂直轴显示分类，用水平轴显示数值。

- 数据轴数据：A2:F8 单元格区域，系列产生在列。

**提示**：如果选定了一个正确的数据区域，系列标题和分类标志可以自动识别：系列产生在行，分类就在列，反之系列产生在列，分类就在行。如果数据区域较复杂，可以不选定数据区域，而直接在“系列”标签下添加系列，并指定系列的名称和值、分类标志。一个系列可以是不连续的单元格区域。

- 图表标题：“2009 年 ABC 公司各省各类商品销售额比较”；主要横坐标轴标题：“省份”；主要纵坐标轴标题：竖排标题，名称为“销售额”。
- 图表位置：作为对象插入到 Sheet1 工作表中。

(2) 编辑图表格式。

- 图表标题：楷体，蓝色，18 号字。
- 分类轴和数值轴格式：宋体，红色，9 号字，分类轴使用竖排文本。
- 网络线格式：数值轴主要网络线，单实线，1.5 磅，颜色：“茶色，背景 2，深色 50%”。
- 绘图区格式：无填充色，自动边框。
- 图表区格式：任意。

**提示**：创建图表后，图表区、图表标题、分类轴标题、数值轴标题、绘图区、分类轴、数值轴、数值轴和分类轴的网格线等图表的组成元素都可以再独立地设置格式。

### 2. 创建和编辑分离型饼图

(本题使用“电子表格处理 2\基本技能实验\2”文件夹)

打开工作簿 Excel2_jbjn2.xlsx，完成如下操作后保存。

(1) 在数据清单下方增加合计行，对各省商品销售额求合计。

(2) 根据 Sheet1 工作表中的数据建立图表工作表。

- 图表类型：分离型三维饼图，无图例。

**提示**：饼图用于显示总体与部分的构成关系，由一个系列、多个分类构成。

- 数据轴数据：“合计”行数据。
- 分类轴数据：B2:F2 单元格区域中的省份数据。
- 图表标题：“2009 年 ABC 公司各省合计销售额比较”。
- 图表位置：作为新工作表插入，工作表名为“合计”。

**提示**：Excel 约定创建嵌入式图表，如果需要创建图表工作表，可以通过改变图表位置实现。

- 数据标签：显示类别名称和百分比。

**提示**：如用图表显示一段时间内数据的变化趋势，可使用 Excel 提供的数据点折线图。

3. 图表编辑

（本题使用“电子表格处理 2\基本技能实验\3”文件夹）

打开工作簿 Excel2_jbjn3. xlsx，对图表进行如下编辑，完成操作后保存。

（1）改变工作表的位置：将 Chart1 图表改成嵌入式图表放在 Sheet1 工作表中。

**提示**：在图表区或绘图区的快捷菜单中选择“位置”命令，打开“图表位置”对话框，可重新设置图表的位置。

（2）改变图表类型：将图表类型改为簇状柱形图。

**提示**：在图表区或绘图区的快捷菜单中选择“图表类型”命令，打开“图表类型”对话框，在其中进行设置可以改变整个图表的类型。

（3）改变系列产生方向：系列产生在行。

**提示**：在图表区、绘图区或数据系列的快捷菜单中选择“源数据”命令，打开“源数据”对话框，可以为图表添加/删除系列和分类。如果是嵌入式图表，并且图表与源数据在同一工作表，也可以用鼠标拖动的方法添加/删除系列和分类。

（4）添加分类轴数据：B3:B12 单元格区域。

（5）添加系列名称：系列 1 名称为“期末成绩”，系列 2 名称为“平时成绩”。

（6）添加系列：将“总成绩”列的标题和前 10 名同学的总成绩数据作为一个新系列添加到图表中。

### 3.4.2.4 综合实训项目

1. 制作学生成绩图表

（本题使用“电子表格处理 2\综合实训项目\1”文件夹）

参照本章项目实例 1，为学生档案管理表中的学生成绩建立图表，并合理设置各图表元素的格式。完成后保存为 Excel2_zhsx1. xlsx。

2. 制作学生早读出勤率图表

（本题使用“电子表格处理 2\综合实训项目\2”文件夹）

到学生会调查学生一周早读出勤率情况，选择 5 个班一周的出勤率数据建立数据清单，并用数据点折线图显示出勤率变化曲线，并合理设置各图表元素的格式。完成后保存为 Excel2_zhsx2. xlsx。

3. 制作产品销售图表

(本题使用“电子表格处理 2\综合实训项目\3”文件夹)

在工作表中输入表 3.2 所示数据,按要求完成以下操作后保存文件为 Excel2_zhsx3. xlsx。

表 3.2　产品销售表(单位:千元)

| 时间 | 电视机 | 录音机 | 复读机 | 总计 |
|---|---|---|---|---|
| 1 月 | 200 | 18.1 | 101.1 | |
| 2 月 | 203 | 19.4 | 102.2 | |
| 3 月 | 201 | 20.0 | 102.4 | |
| 4 月 | 205 | 19.2 | 100.3 | |
| 5 月 | 210 | 19.6 | 108.2 | |
| 6 月 | 204 | 19.7 | 108.6 | |
| 合计 | | | | |
| 平均 | | | | |

(1) 利用公式计算表中的“总计”值。

(2) 利用公式计算表中的“合计”值。

(3) 利用公式计算表中的“平均”值。

(4) 新建“折线图”的图表工作表,表示复读机在 1～6 月的销售趋势。

(5) 新建“饼图”,对比电视机、录音机、复读机在 1～6 月的合计销售业绩。

### 3.4.2.5 实训拓展项目

1. 创建堆积柱形图

(本题使用“电子表格处理 2\实训拓展项目\1”文件夹)

打开工作簿 Excel2_sxtz1. xlsx,参考图 3.38,对 Sheet1 工作表中的学生成绩单创建堆积柱形图,合理设置各图表元素的格式,完成操作后保存文件。

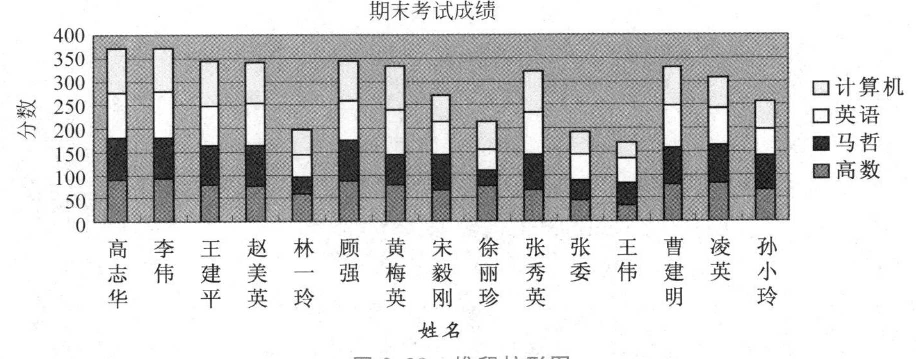


图 3.38　堆积柱形图

小贴士：

堆积柱形图是柱形图的一个子类型，能较好地显示单个项目与整体间的关系。

2. 创建复合条饼图

（本题使用"电子表格处理 2\实训拓展项目\2"文件夹）

打开工作簿 Excel2_sxtz2.xlsx，Sheet1 中的数据清单来源于百度网对 2010 年 Q2 手机颜色关注度的调查，参考图 3.39，试为数据清单建立复合条饼图，并为图例项标识设置相应的颜色。完成操作后保存文件。

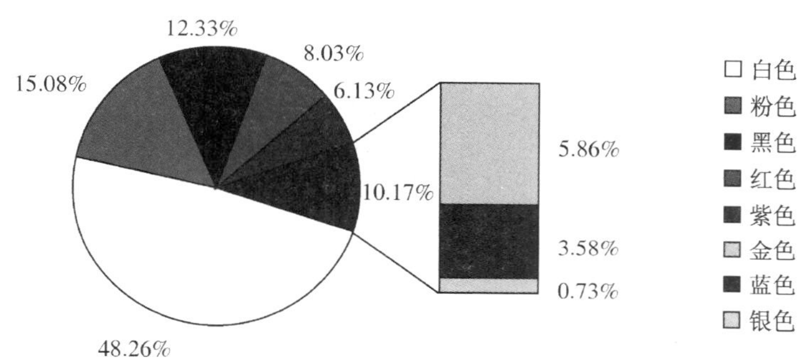


图 3.39　复合条饼图

小贴士：

（1）复合条饼图是饼图的一个子类型，它可以将较小的数据提取并组合进堆积柱形图，这样可以更好地展示较小的构成成分。与复合条饼图类似的还有复合饼图。

（2）图例中的每一项称为一个图例项，每个图例项都有不同颜色的图例项标识，图例项标识的边框和内部颜色可以设置。

3. 不同数据系列使用不同图表类型

（本题使用"电子表格处理 2\实训拓展项目\3"文件夹）

打开工作簿 Excel2_sxtz3.xlsx，Sheet1 中的数据清单来源于对某超市近 10 年销售情况的调查，用公式计算出人均销售额，然后参考图 3.40，为"员工人数"和"人均销售额"两列数据建立图表，系列产生在列，其中，"员工人数"使用数据点折线图，"人均销售额"使用簇状柱形图，合理设置各图表元素的格式。完成操作后保存文件。

小贴士：

创建图表后，在某个数据系列快捷菜单中选择"图表类型"命令，打开"图表类

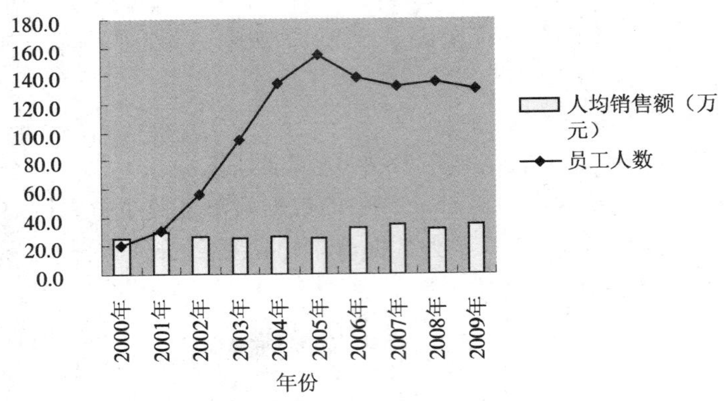


图 3.40 不同系列使用不同图表类型

型”对话框，可以改变该数据系列的图表类型，从而可以实现在同一图表中不同数据系列使用不同的图表类型。

## 3.4.3 Excel 数据库的应用

### 3.4.3.1 实验实训目标

1. 实验目标

(1) 掌握在 Excel 工作表中建立和编辑数据库的操作。

(2) 掌握数据库查找、排序、筛选、分类汇总、数据透视等基本数据库管理操作。

2. 实训目标

培养根据需要对数据清单进行统计分析的能力。

### 3.4.3.2 主要知识点

(1) 数据库建立：直接在工作表中输入数据或使用记录单录入。

(2) 数据排序操作：包括简单排序和多关键字排序。

(3) 数据筛选操作：包括自动筛选和高级筛选。

(4) 数据分类汇总操作。

(5) 数据透视表操作：包括数据透视表建立、数据透视表编辑及格式化。

### 3.4.3.3 基本技能实验

1. 数据库的综合操作

(本题使用“电子表格处理 3\基本技能实验\1”文件夹)

打开工作簿 Excel3_ jbjn1. xlsx，完成如下操作后保存。

(1) 用公式计算以下字段的值：

- 贷款利率：3 年以下(含 3 年)为 5.40,3～5 年(含 5 年)为 5.76,5 年以上为 5.94。
- 还贷日：由贷款日和贷款期限得到。
- 还贷金额：还贷金额＝借贷金额×(1＋期限×贷款利率/100)。

(2) 插入新工作表 Sheet2、Sheet3 和 Sheet4,将 Sheet1 工作表中数据清单复制到 Sheet2、Sheet3 和 Sheet4 中。

(3) 在 Sheet1 工作表中对数据进行排序,主关键字为银行(升序),第二关键字为期限(降序),第三关键字为借贷金额(降序)。

**提示**：如果先选中数据清单中的一个单元格,再进行多关键字排序、高级筛选、分类汇总、数据透视表等操作,数据区域就可以被自动识别。

(4) 在 Sheet2 工作表中对数据进行分类汇总：分类字段为银行,汇总方式为求和,汇总项为借贷金额和还贷金额,汇总结果显示在数据下方。

**提示**：在分类汇总时,应先对数据清单按分类字段排序。如果要删除分类汇总的结果,可在“分类汇总”对话框中单击“全部删除”按钮。

(5) 在 Sheet3 工作表中对数据进行筛选：

- 筛选条件：住址为雅安花园或都市绿洲、期限为 5～10 年(含 5 年和 10 年)、借贷金额多于 80 000 元(含 80 000 元)。
- 条件区域：起始单元格为 L2。
- 筛选结果复制位置：起始单元格为 A45。

(6) 根据 Sheet3 中的筛选结果创建图表：

- 图表类型：簇状柱形图。
- 数据区域：借贷金额和还贷金额列数据,分类标志为姓名列数据。
- 图表标题：雅安花园和都市绿洲 5～10 年期住房贷款统计图。
- 分类轴标题：姓名;数值轴标题：金额。

(7) 为 Sheet4 中的数据在新工作表中建立数据透视表：

- 行区域：银行。
- 列区域：期限。
- 数据区域：姓名为计数项,借贷金额为求和项,还贷金额为平均值项。

**提示**：数据透视表建立后,可以使用“数据透视表”工具栏和“数据透视表中字段列表”框进行编辑,包括添加/删除分类字段和汇总项,改变汇总方式和汇总项顺序,显示/隐藏明细数据等。如果看不到数据透视表中的字段列表项,则单击“数据透视表工具栏”中的“显示/隐藏字段列表”按钮即可显示。

数据透视表是分类汇总的延伸，两者主要区别如下：

- 数据透视表可按多个字段进行分类，而分类汇总只能按一个字段进行分类。
- 使用数据透视表之前数据清单不用按分类字段排序，而分类汇总的分类字段必须先排序。

### 3.4.3.4 综合实训项目

**1. 教师工资管理表统计分析**

（本题使用“电子表格处理 3\综合实训项目\1”文件夹）

参照本章项目实例 2，建立教师工资管理表，并利用数据库管理功能对工资管理表进行各项统计分析。完成后保存为 Excel3_zhsx1. xlsx。

**2. 产品销售记录表统计分析**

（本题使用“电子表格处理 3\综合实训项目\2”文件夹）

通过对某小型螺丝制造企业调研得知：该企业有 TX1、TX2、……、TX8 共 8 名推销员，面向全国所有省份推销 LS01、LS02、……、LS15 共 15 种商品。推销员签定的每一份销售合同都有一个唯一的合同号，每个合同又可以包括不同种类的若干产品。每个销售合同执行完毕后，都要给合同中的每种产品登记产品销售信息，包括销售日期、合同号、产品名称、产品单价、数量、总价、销往省份、销售员姓名等。企业管理人员可以随时依据此产品销售信息统计一段时间以来所有产品的总销售额、不同产品销售额、不同推销员销售额、不同省份销售额、不同产品销售走势、不同推销员销售走势、不同省份销售走势，并对产品销售信息按月份和合同作深度分析。试帮助该企业建立产品销售记录表，在表中添加模拟产品销售数据，并利用所学的 Excel 图表和数据库管理功能建立一套基于此记录表的数据统计分析模型，满足企业日常管理的需要，提高该企业的管理效率。完成后保存为 Excel3_zhsx2. xlsx。

### 3.4.3.5 实训拓展项目

**1. 超市销售业绩统计分析**

（本题使用“电子表格处理 3\实训拓展项目\1”文件夹）

调查学校附近的一家超市，帮助他们进行销售业绩的统计和分析，完成以下操作后将文件保存为 Excel3_sxtz1. xlsx。

（1）输入销售情况的基本数据。

（2）利用公式或函数计算月销售金额和年销售金额。

（3）找出每个月销售额最高的 3 种商品。

（4）统计出每种商品一年的销售情况，并以图表形式展示。

（5）利用数据透视表了解不同品牌的瓶装和罐装饮料的销售情况。

**2. 全国主要城市 GDP 排名统计**

（本题使用“电子表格处理 3\实训拓展项目\2”文件夹）

从网上搜索近 5 年全国主要城市（前 100 名）GDP 排名情况，制作数据清单，输入主要基础数据项，包括年份、城市名、所属省（直辖市、自治区）、GDP 总值、人口数等，公式计算人均 GDP，对工作表进行适当的格式设置。利用 Excel 数据库管理功能对数据进行分析处理，完成后保存为 Excel3_sxtz2. xlsx。

（1） 对数据清单按年份、所属省进行排序，然后按所属省字段进行分类汇总。

（2） 筛选出 2008 年 GDP 总值大于等于 2000 亿的所有记录，对筛选结果按 GDP 总值升序排列，并对前 10 名用条形图显示。

（3） 筛选出山东省各城市 5 年来的全部记录，利用数据透视表对山东省各城市 5 年来的 GDP 变化进行分析，并试用数据透视图进行直观显示。

**3. 企业工资管理**

（本题使用“电子表格处理 3\实训拓展项目\3”文件夹）

某公司是一家小型工业企业，主要有两个生产车间：一车间和二车间，车间职工人数不多，主要有 3 种职务类别，即管理人员、辅助管理人员、工人。每个职工的工资项目有基本工资、岗位工资、福利费、副食补助、奖金、事假扣款、病假扣款，除基本工资因人而异外，其他工资项目将根据职工职务类别和部门来决定，而且随时间的变化而变化。打开本题文件夹中的 Excel3_sxtz3. xlsx 文件，结合工作表中给出的 2008 年 1 月公司职工病事假情况，制作出该月职工工资一览表。

（1） 基本工资：如果是一级管理人员，基本工资 3000 元，辅助管理人员是 2300 元，工人是 1500 元。

（2） 岗位工资：根据职务类别不同进行发放，工人为 1000 元，辅助管理工人为 1200 元，一级管理人员为 1500 元。

（3） 福利费：一车间的工人福利费为基本工资的 20%，一车间的非工人福利费为基本工资的 30%，二车间的工人福利费为基本工资的 25%，其他为基本工资 35%。

（4） 副食补贴：基本工资大于 2000 元的职工没有副食补贴，基本工资小于 2000 元的职工副食补贴为基本工资的 10%。

（5） 奖金：奖金根据部门的效益决定，一车间的奖金为 300 元，二车间的奖金为 800 元。

（6） 应发工资：(1)＋(2)＋(3)＋(4)＋(5)。

（7） 事假扣款：如果事假小于 15 天，将应发工资平均分到每天（每月按 22 天计算），按天扣钱；如果事假大于 15 天，应发工资全部扣除。

（8） 病假扣款：如果病假小于 15 天，工人扣款为 300 元，非工人扣款为 400 元；如果病假大于 15 天，工人扣款为 500 元，非工人扣款为 700 元。

（9） 实发工资：应发工资减去各种扣款。

为了满足企业的管理需要，插入两张工作表，复制职工工资一览表数据，将两张工作表分别命名为“工资分类汇总”和“工资筛选”，对职工工资情况进行如下统计分析。

（1） 在“工资分类汇总”工作表中，分类汇总各部门各职务类别的职工应发工资总数。

（2） 利用“工资分类汇”工作表汇总数据分别为一车间和二车间绘制饼形图表工作表，图表标题为“一车间应发工资汇总图”和“二车间应发工资汇总图”。

（3） 在“工资筛选”工作表中筛选出一级管理人员和辅助管理人员应发工资大于等于

5000且小于7000的记录。

(4) 利用“职工工资一览表”工作表中的数据在新工作表中创立数据透视表，统计各车间各职务类别职工的应发工资和实发工资平均值，工作表命名为“工资数据透视”。

## 3.5 单元格中出现的常见提示信息

**1. 单元格中提示“#######”信息**

问题分析：单元格中数字、日期或时间型数据的长度比单元格宽，也就是单元格的宽度不够造成的。

解决方法：增加列宽，或使单元格中的数据字号变小。

**2. 单元格提示“#N/A”信息**

问题分析：当在函数或公式中没有可用数值时，将产生错误值“#N/A”。

解决方法：如果工作表中某些单元格暂时没有数值，则在这些单元格中输入“#N/A”，公式在引用这些单元格时将不进行数值计算，而是返回“#N/A”。

**3. 单元格中提示“#NAME?”信息**

问题分析：公式使用了不存在的名称造成的。

解决方法：

(1) 确认使用的名称是否存在，执行“公式”选项卡→单击“定义的名称”组中的“名称管理器”按钮，如果所需的名称没有被列出，则执行“新建”按钮添加相应的名称。

(2) 如果是名称、函数名拼写错误，应修改拼写错误。

(3) 确认公式中使用的所有区域引用都使用了英文的冒号(:)或英文的逗号。例如：sum(a1:b5)或sum(a1,b5)。

**4. 单元格中提示“#VALUE!”信息**

问题分析：当使用错误的参数或运算对象的类型时，或当公式自动更正功能不能更正公式时，会造成这种错误信息。主要由3个原因造成。

(1) 在需要数字或逻辑值时输入了文本，Excel不能将文本转换为正确的数据类型。

解决方法：确认公式或函数所需的运算符或参数正确，而且公式引用的单元格中包含有效的数值。例如，单元格B1中包含一文本，单元格B2中包含的是数字，那么公式“=B1+B2”就会产生这种错误。可执行“插入”→“函数”命令，在弹出的对话框的“选择函数”列表框中选择“SUM”函数，SUM函数将这两个值相加(SUM函数忽略文本)，即=SUM(B1:B2)。

(2) 给需要单一数值的运算符或函数赋了一个数值区域。

解决方法：将数值区域改为单一数值。

(3) 将单元引用、公式或函数作为数组常量输入。

**5. 单元格中提示“#DIV/0!”信息**

问题分析：公式中是否引用了空白的单元格或数值为0的单元格或0值作为除数。

解决方法：将除数或除数中的单元格引用修改为非零值或检查函数的返回值。

6. 单元格中提示"＃NUM！"信息

问题分析：当函数或公式中使用了不正确的数字时将出现错误信息"＃NUM！"。

解决方法：应确认函数中使用的参数类型正确无误。

7. ＃NULL！

问题分析：当试图为两个并不相交的区域指定交叉点时，将产生以上错误。

解决方法：如果要引用两个不相交的区域，则使用联合运算符即英文的逗号。

8。＃REF！

问题分析：删除了由其他公式引用的单元格，或将移动单元格粘贴到由其他公式引用的单元格中，导致单元格引用无效时将产生错误信息＃REF！。

解决方法：更改公式或者在删除或粘贴单元格之后，立即单击"撤销"按钮，以恢复工作表中的单元格。

# 第4章 电子演示文稿制作

PowerPoint 是一种演示文稿制作软件，也是 Microsoft Office 套装软件中的一个成员，该软件简单易学，并且为用户提供了方便的帮助系统，可以通过 Internet 协作和共享演示文稿。它能将呆板的文档、表格等结合图片、图表、影片、音乐以及动画等多种元素，生动地展示给观众，并能利用计算机、投影仪等设备放映出来，表达自己的想法或战略、传播知识、促进交流以及文化宣传等。

本章主要介绍 PowerPoint 的基本概念和基本操作。使用 PowerPoint 用户可制作出图文并茂的多媒体演示文稿。

## 4.1 PowerPoint 简介

### 4.1.1 PowerPoint 的基本概念

1. 演示文稿和幻灯片

演示文稿是使用 PowerPoint 所创建的文档，而幻灯片则是演示文稿中的页面。演示文稿是由若干张幻灯片组成的，这些幻灯片能够以图、表、音、像等多种形式用于广告宣传、产品简介、学术演讲、电子教学等。

2. 主题

PowerPoint 的主题由“主题颜色”“主题字体”和“主题效果”组成。

3. 模板

在 PowerPoint 中，模板记录了对幻灯片母版、版式和主题组合所进行的设置。由于模板所包含的结构构成了演示文稿的样式和页面布局，因此可以在模板的基础上快速创建外观和风格相似的演示文稿。

4. 版式

版式是幻灯片母版中的一个组成部分，可以使用版式来排列幻灯片中的多种对象和文字。PowerPoint 内置了多种标准版式，其中包含幻灯片中标题、副标题、文本、列表、图片、表格、图表、形状和视频等元素的排列方式。

5. 母版

母版是模板的一部分，其中存储了文本和各种对象在幻灯片上的放置位置、文本或占位符的大小、文本样式、背景、颜色主题、效果和动画等信息。母版包括幻灯片母版、讲义母版和备注母版。最常用的是幻灯片母版，它定义了幻灯片中要放置和显示内容的位置信息。

## 4.1.2 PowerPoint 的窗口组成

启动 PowerPoint 后，出现如图 4.1 所示的窗口。

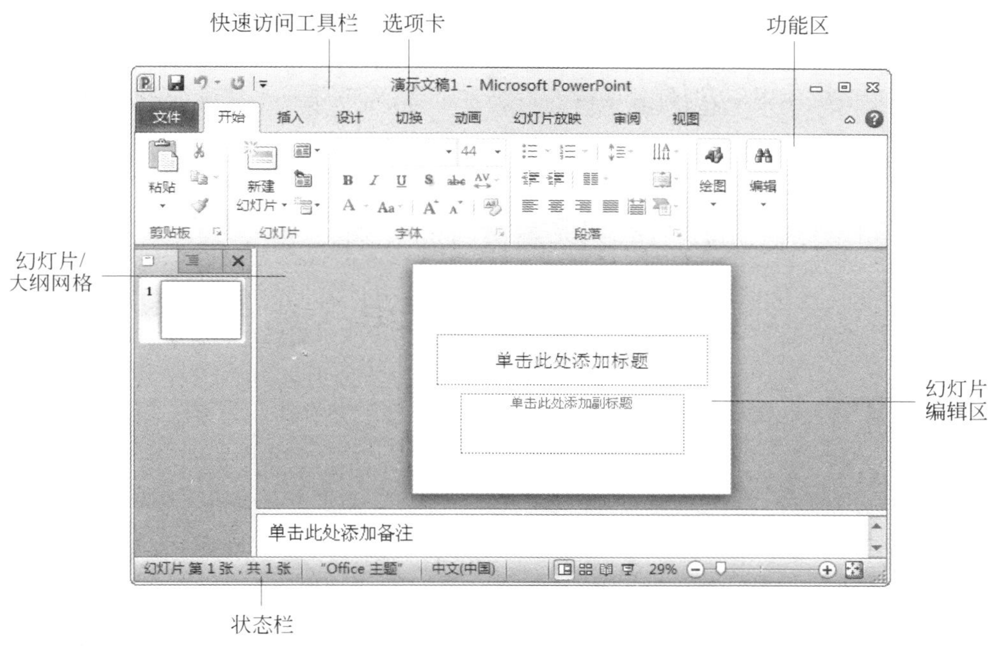


图 4.1 PowerPoint 2010 窗口

## 4.1.3 PowerPoint 的视图方式

PowerPoint 有普通视图、幻灯片浏览、备注页、阅读视图、幻灯片放映视图和母版视图等 6 种视图方式，在“视图”选项卡下，用户单击其中的按钮可以方便地进行不同视图间的切换。

1. 普通视图

在普通视图中，可以输入演讲者的备注、编辑演示文稿以及查看当前幻灯片的整体状况，并且可以拖动窗格边框以调整不同窗格的大小，图 4.1 所示的是幻灯片的普通视图，它有三个工作区域：左边是幻灯片/大纲窗格，右边是幻灯片编辑区，底部是备注区。

**2. 幻灯片浏览视图**

在幻灯片浏览视图中可以同时看到演示文稿中的所有幻灯片，这些幻灯片是以缩略图形式显示。可以方便地实现添加、删除和移动幻灯片操作，但是不能直接编辑幻灯片的内容，如果要修改幻灯片的内容，需要将该视图切换到普通视图。

**3. 备注页视图**

备注页视图是用来编辑备注页的，备注页视图分为上下两部分：上半部分是幻灯片的缩小图像，下半部分是文本预留区。用户可以在观看幻灯片的缩小图像时，在文本预留区内输入该幻灯片的备注内容。

**4. 阅读视图**

阅读视图主要用于用户自己查看演示文稿，而非全屏放映演示文稿。

**5. 幻灯片放映视图**

在幻灯片放映视图下，幻灯片的内容占满整个屏幕，就是将来实际放映出来的效果。

**6. 母版视图**

母版视图包括幻灯片母版、讲义母版和备注母版。使用母版视图可以对任何一个演示文稿的所有幻灯片、备注页或讲义的样式进行全局更改。

# 4.2 项目实例1：电子贺卡

## 4.2.1 项目要求

本项目实例使用PowerPoint制作带有精美动画和美妙音乐的电子贺卡。通过本例的学习，可以掌握演示文稿中图形和文本框的使用、背景（包括图片和声音）的设置、动画设置等知识点，实例效果如图4.2所示。

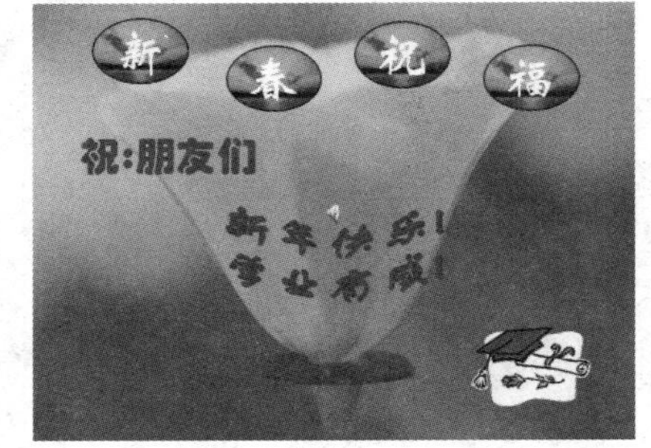


图4.2 电子贺卡的实例效果

## 4.2.2 项目实现

**1. 创建新演示文稿**

演示文稿中的第一张幻灯片通常使用“标题幻灯片”版式。这种版式的幻灯片上面有两个文本框占位符，分别提示输入标题和副标题，有以下两种操作方法。

（1）启动PowerPoint后，会自动新建一张“标题”幻灯片。

（2）选择“开始”选项卡中“幻灯片”组的“版式”命令，打开“Office主题”，本例在该主题下面选择“空白”样式。

**2. 设置贺卡背景**

PowerPoint提供了专门设置背景的方法。可以通过更改幻灯片的颜色、阴影、图案、纹理或者使用图片来改变幻灯片的背景。本例中选择了“4-PowerPoint 项目素材”文件夹中的“小花.jpg”作为贺卡幻灯片的背景，操作方法如下：在“设计”选项卡中单击“背景”组的“背景样式”选项，此时会弹出一个默认背景的列表，可以在此列表中选择背景样式，如图 4.3 所示；也可以选择该选项中的“设置背景格式”命令，或右击某张幻灯片，在弹出的快捷菜单中选择“设置背景格式”命令，弹出“设置背景格式”对话框，利用其中各个选项来建立不同的背景效果。

图 4.3 “设置背景格式”对话框

选择“设置背景格式”对话框中的“填充”选项，将显示如图 4.4 所示选项，在此对话框中可以有以下 4 种选择来改变背景的填充效果。

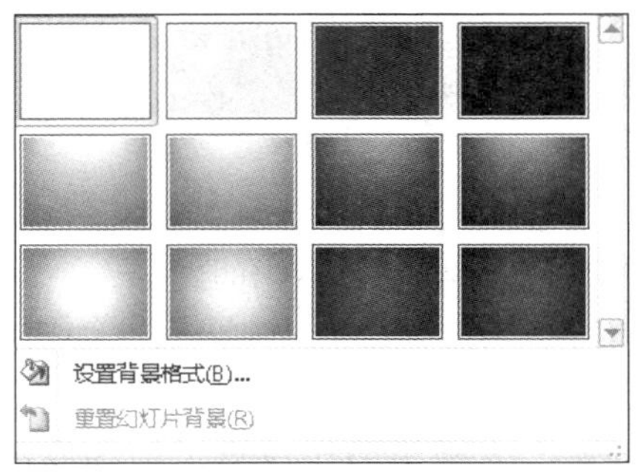


图 4.4 “背景样式”列表框

(1) 建立背景的纯色效果。选择“纯色填充”单选按钮，可以设置纯色背景，同时可以设置该颜色的透明度。

(2) 建立背景的浓淡效果。选择“渐变填充”单选按钮，可以选择一种“预设颜色”，如“红日西斜”，同时可以设置它的类型和方向；也可以在“颜色”中选择一种基本色，通过“渐变光圈”选择一种浓淡变化方向。

(3) 建立纹理效果或用整幅图片填充背景。选择“图片或纹理填充”单选按钮，在“纹理”对应的下拉列表框中选择一种合适的纹理；单击“文件”按钮，选择合适的图片作为背景，如本例选择的是“小花.jpg”。

(4) 用图案填充背景。选择“图案填充”单选按钮，选择填充一种合适的图案，同时可以在“前景色”和“背景色”下拉列表框中分别选择一种颜色。

### 3. 插入剪贴画

本例要求在幻灯片右下方插入以毕业为主题的剪贴画“00279332.wmf”。在PowerPoint中插入剪贴画的方法有以下两种。

(1) 使用带剪贴画的版式插入剪贴画。

- 选择“开始”选项卡，单击“幻灯片”组中的“版式”命令，在对应的下拉列表框中选择带剪贴画的版式。
- 按照提示单击“插入剪贴画”图标即可。

(2) 向已有幻灯片插入剪贴画。

- 设置要插入剪贴画的幻灯片为当前幻灯片。
- 执行“插入”→“插图”→“剪贴画”命令，这时就会显示“剪贴画”任务窗格。
- 在“搜索文字”选项中搜索主题为“毕业”的剪贴画，出现一组与选定类别对应的剪贴画，单击需要的剪贴画。另外，也可以在“Office 网上剪辑”中搜索更多的剪贴画。
- 右击插入的剪贴画“00279332.wmf”，在弹出的快捷菜单中选择“设置图片格式”命令，在“设置图片格式”对话框中设置尺寸，本例要求高度和宽度均为原大小的50%。

### 4. 插入艺术字

本例在幻灯片中央位置插入了艺术字“新年快乐！学业有成！”插入艺术字的操作与Word相同，本例选择了第三行第一列的样式，方正舒体、60号、填充蓝色、透明度为0%，线条颜色为蓝色，艺术字形状可通过执行“艺术字样式”→“文本效果”→“转换”→“正V形”命令来操作。

### 5. 插入自选图形

本例设置了“新”“春”“祝”和“福”4个个性化的图形。

(1) 在“插入”选项卡中单击“插图”组“形状”命令，从中选择喜欢的自选图形，本例选择了“椭圆”，并画在幻灯片左上角。

(2) 右击刚才画出的“椭圆”，在弹出的快捷菜单中选择“设置图片格式”命令，打开“设置图片格式”对话框。

(3) 选择“填充”项中的“图片或纹理填充”单选按钮，同上面设置背景的操作一样，单击“文件”按钮，在随后打开的“插入图片”对话框中选择喜欢的图片。本例选择的是“4-PowerPoint 项目素材”文件夹中的“Sunset.jpg”。

(4) 右击“椭圆”自选图形，在弹出的快捷菜单中选择“编辑文字”命令，添加文字“新”，格式为华文新魏、60号、黄色。

(5) 另外的"春""祝""福"3 个个性化图形可以通过复制"新"图形来完成，只需将文字修改后将它们定位在贺卡合适的位置上即可。

### 6. 插入文本框

在"插入"选项卡中单击"文本"组"文本框"命令，或执行"开始"→"绘图"→"文本框"操作，插入一个文本框，并输入文字"祝：朋友们"，设置字体为华文琥珀、48 号、加粗、蓝色。

### 7. 设置幻灯片的动画效果

对幻灯片中的对象设置动画效果可以使用"动画"选项卡，操作步骤如下。

(1) 在"普通视图"或"幻灯片浏览视图"中，显示要设置动画的幻灯片，这里用 Shift 或 Ctrl 键，同时选中"新""春""祝"和"福"4 个图形。

(2) 选择"动画"选项卡中"动画"组或"高级动画"组的相关选项设置动画效果，如图 4.5 所示。单击"高级动画"组中"添加动画"下侧的下拉按钮，在随后出现的下拉列表中提供了 5 种动画效果，即进入、强调、退出、动作路径和自定义路径，用户可以根据需要进行选择。如果对列表中的动画方案不满意，可以选择"更多进入效果""更多强调效果""更多退出效果"和"其他动作路径"选项。这里为"新""春""祝"和"福"4 个图形选择了"进入"中的"空翻"方式。

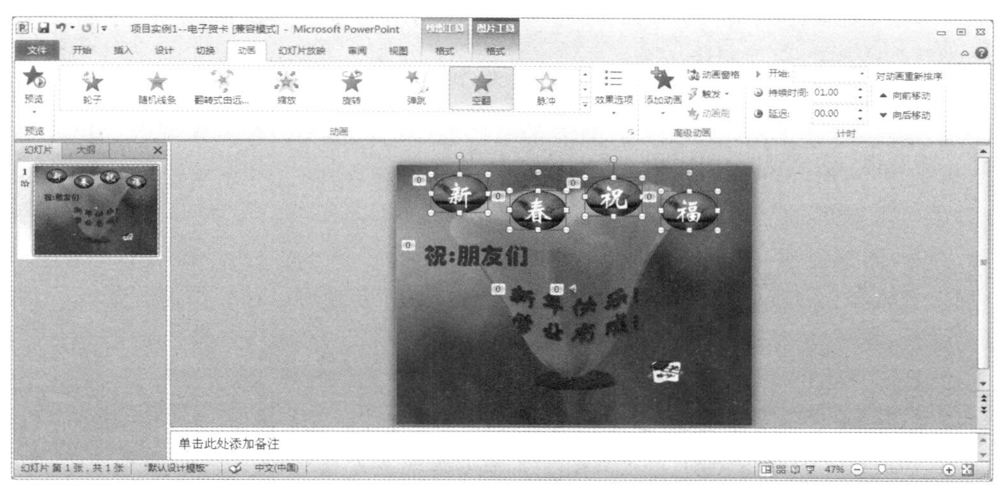


图 4.5 "自定义动画"任务窗格中"添加效果"选项

(3) 用同样方法，为"祝：朋友们"选择"进入"中的"飞入"方式，为"新年快乐！学业有成！"选择"进入"中的"缩放"方式，为图片"00279332.wmf"选择"强调"中的"放大/缩小"方式。

(4) 设置动画的启动方式。单击"高级动画"组中的"动画窗格"按钮，打开"动画窗格"对话框，如图 4.6 所示，可以通过"计时"组的"开始"选项或"动画窗格"中每一对象的下拉列表框的选项设置启动方式。"开始"方式包括"单击开始""从上一项开始"和"从上一项之后开始"三个选项。

- 单击开始：表示单击时启动。
- 从上一项开始：表示与上一个动画同时启动，可用于多种动画效果的合成，这时每一种效果的启动方式均应设为“之前”。

- 从上一项之后开始：表示在上一个动画之后启动。本例中“新”字的动画设为“从上一项开始”，其他对象都设为“从上一项之后开始”。

(5) 设置动画的方向属性。“动画”组中的“效果选项”下拉列表框用来设置方向属性。本例为“祝：朋友们”选择了“自右侧”的方向。

(6) 设置动画的速度。单击“动画窗格”里选中对象下拉列表框中的“计时”命令，打开其对话框，在“计时”组中选择“期间”下拉列表框设置动画的速度，包括非常快(0.5s)、快速(1s)、中速(2s)、慢速(3s)和非常慢(5s)等。本例中为“新”“春”“祝”和“福”四个图形选择“快速”，“祝：朋友们”选择“非常快”，“新年快乐！学业有成！”和图片“00279332.wmf”选择“中速”。

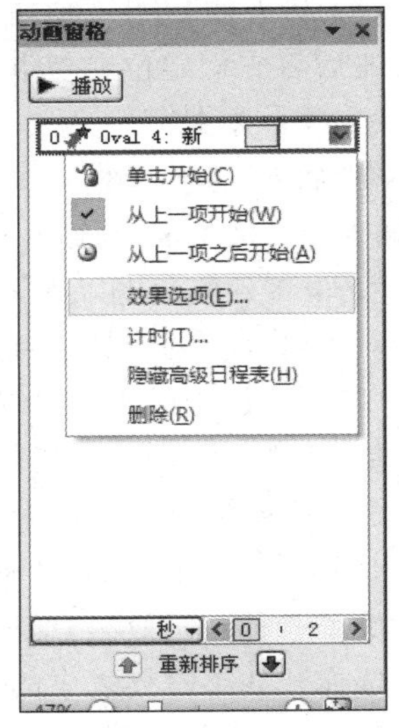


图 4.6 “动画窗格”及其他选项

(7) 改变动画效果和顺序。选中需要更改动画效果的对象，选择“动画”组中的“动画效果”可对选中的对象重新进行设置；使用“重新排序”按钮，可改变列表中的动画顺序。

(8) 声音等其他选项的设置。单击“动画”窗格中某一对象右侧的下拉箭头，在其下拉列表框中选择“效果选项”命令，在打开的对话框中进行相关设置。本例中，为“新”“春”“祝”“福”四个图形和“祝：朋友们”都设置了“风铃”声音、动画文本无延迟，为“新年快乐！学业有成！”设置了“鼓声”。

8. 插入背景音乐

本例插入了“4-PowerPoint 项目素材”文件夹中的“新年好.mp3”作为背景音乐，并设置自动播放，操作方法如下。

(1) 执行“插入”→“媒体”→“音频”→“文件中的音频”命令。

(2) 在弹出的“插入音频”对话框中选定要插入的文件，单击“确定”按钮后，这时可以在幻灯片上看见一个小喇叭图标，其下方有一个播放控制台。放映幻灯片时，只要单击播放控制台上的“开始”按钮就可以播放音频文件。如果需要放映幻灯片的同时播放声音，可以在“播放”选项卡中单击“音频选项”组“开始”下拉按钮，在弹出的下拉列表中选择“自动”选项。

(3) 插入声音文件后，在“动画窗格”中出现一个声音动画选项，按住左键将其拖动到第一项，这样幻灯片放映时就会播放音乐。

(4) 在“动画窗格”中双击“新年好.mp3”文件，打开“播放音频”对话框，在“计时”组“重复”右侧的下拉列表中选择“直到幻灯片末尾”选项，切换到“音频设置”标签，选中“幻灯片放映时隐藏音频图标”选项，单击“确定”按钮返回。

## 4.2.3 项目进阶

利用 PowerPoint 自带的录音功能插入声音。上面只是插入了背景音乐，也可以录制一段自己想说的话或音乐送给好友，方法有以下两种。

（1）在编辑状态下，执行“插入”→“媒体”→“音频”→“录制音频”命令。

（2）执行“幻灯片放映”→“设置”→“幻灯片演示”操作，在其下拉列表中有两项选择：从头开始录制和从当前幻灯片开始录制。根据实际情况，选择一项，要录制的内容就会自动切换到幻灯片放映状态下进行。

**注意**：旁白优先于所有其他声音，如果运行包含旁白和其他声音的幻灯片放映，只会播放旁白。运行幻灯片放映时，旁白会随之自动播放。如果要运行没有旁白的幻灯片放映，无需选中“幻灯片放映”选项卡中“设置”组“播放旁白”复选框。

### 4.2.4 项目交流

（1）本例的新春贺卡还可以增加哪些内容？

（2）除了 PowerPoint 以外，还了解哪些软件可以制作贺卡？它们各具哪些特色？

分组进行交流讨论会，并交回讨论记录摘要，记录摘要内容包括时间、地点、主持人（即组长，建议轮流当组长）、参加人员、讨论内容等。

## 4.3 项目实例 2：公司简介

### 4.3.1 项目要求

本项目实例使用 PowerPoint 制作一份公司简介的演示文稿。公司简介内容包括企业概况、企业人才、企业组织、业绩回顾等内容。通过本实例的学习，可以掌握演示文稿的编辑、超链接、放映等知识点，实例效果如图 4.7 所示。

### 4.3.2 项目实现

1. 创建新演示文稿

（1）创建标题幻灯片。本例首先选择“开始”选项卡中“幻灯片”组“幻灯片版式”下拉列表中的第一种样式“标题幻灯片”，然后输入文字内容，标题为“务实创新!! 团结奋进!!”，宋体、60 号、加粗、阴影、蓝色，副标题为“——创新电子有限公司简介”，宋体、32 号、加粗、黑色。

（2）创建普通幻灯片。在“普通视图”下添加幻灯片。常用的操作方法有以下几种。

- 执行“开始”→“幻灯片”→“新建幻灯片”操作。
- 右击“普通视图”大纲区某一张幻灯片，在弹出的快捷菜单中选择“新建幻灯片”选项。
- 按 Ctrl＋M 键。

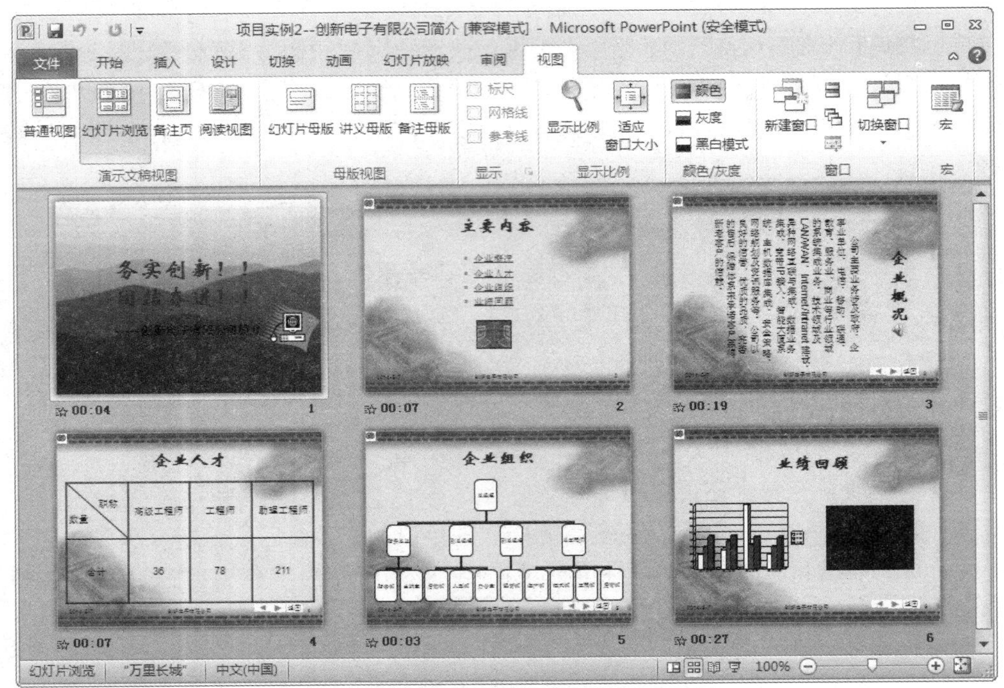


图 4.7　公司简介演示文稿实例效果

- 将光标定位在"普通视图"大纲区中，按 Enter 键。

本例中插入了 5 张普通幻灯片，第 1 张普通幻灯片的版式是"标题和内容"，第 2 张的版式是"垂直排列标题与文本"，第 3 张和第 4 张的版式是"标题和内容"，第 5 的版式是"两栏内容"，然后按照示例效果图所示输入相应的文字。

**2. 插入图形对象**

本例第 1 张标题幻灯片上插入了搜索文字为"计算机"的剪贴画，也可以插入"4-PowerPoint 项目素材"文件夹中的"计算机. wmf"文件。第 2 张"主要内容"幻灯片中插入"4-PowerPoint 项目素材"文件夹中的"信息. gif"文件。

**3. 插入表格、图表、组织结构图等对象**

组织结构图是用来描述某些带有组织结构特征的图表，它显示了一个组织机构的等级和层次。PowerPoint 插入表格、图表、SmartArt 等对象的方法都类似，以下称为"某对象"。主要有以下两种方式。

(1) 使用带某对象的版式。

- 选择"开始"选项卡中"幻灯片"组"幻灯片版式"下拉列表中带某对象的版式，单击相应图标。例如，单击"插入图表"图标，一个默认的样本图表会出现在图表区内。本例的第 4 张"企业人才"幻灯片就是利用版式插入了一个 2 行 4 列的表格，"业绩回顾"幻灯片中插入了图表，"企业组织"幻灯片中使用了组织结构图。执行"插入"→"插图"→SmartArt 操作，即可弹出"选择 SmartArt 图形"对话框，操作和 Word 中的相应操作类似。

- 从中选择组织结构图或其他图示，一个默认的样本组织结构图会出现在幻灯片中，这时可以向组织结构图的各个图框中输入文本。利用“SmartArt 工具”选项卡可以对组织结构图进行“设计”和“格式”的编辑，也可以右击要编辑的对象，在弹出的快捷菜单中选择相应命令。

(2) 向已有幻灯片上插入某对象。

- 插入表格。在演示文稿中插入表格方法以及表格的编辑，这些操作与 Word 基本相同，这里不再赘述。本例中表头的斜线可以利用“表格工具”来制作。
- 插入图表。PowerPoint 有一个与 Excel 相同的图表模块，其操作和 Excel 中的相应操作类似。选择“插入”选项卡，单击“插图”组中“图表”按钮，弹出“插入图表”对话框，通过该对话框设置所需类型的图表。
- 插入图示。执行“插入”→“插图”→“形状”操作，选择形状下拉列表中的所需图示即可。

### 4. 插入声音和影片

PowerPoint 可以通过插入视频和音频的方式向幻灯片中插入多种多媒体对象。本例在“主要内容”幻灯片中插入了媒体剪辑库中的搜索关键字为“计算机”的一个动画文件，在“企业概况”幻灯片中插入了“4-PowerPoint 项目素材”文件夹中的“main. mid”文件。在“业绩回顾”幻灯片中插入了“4-PowerPoint 项目素材”文件夹中的视频文件“logo1. avi”。

(1) 插入视频和音频文件。操作方法如下：

- 选定要插入视频和音频文件的幻灯片。
- 执行“插入”→“媒体”→“视频/音频”命令。
- 在“视频”或“音频”下拉列表中，选定要插入的文件即可。

(2) 插入媒体剪辑库中的视频和音频操作方法有以下两种。

- 使用“剪贴画”任务窗格。操作方法如下：选择“插入”选项卡中“媒体”组中“视频/音频”命令，在其下拉列表中选择“剪辑画视频/剪辑画音频”选项；或执行“插入”→“图像”→“剪贴画”命令，打开“剪贴画”任务窗格，在“剪贴画”任务窗格的结果类型中选择相应的媒体类型，输入搜索文字后单击“搜索”按钮即可。
- 使用带媒体剪辑的版式。操作方法如下：执行“开始”→“幻灯片”→“版式”命令，在其下拉列表中选择带媒体剪辑的版式，单击“插入媒体剪辑”图标，即可弹出“插入视频文件”对话框，输入文件名后单击“插入”按钮即可。

**想想议议**

在幻灯片中可插入的视频文件类型有哪些？如何使插入的声音应用到多张幻灯片中？

### 5. 应用设计模板

设计模板是统一演示文稿外观的一种快捷方法，PowerPoint 提供的设计模板都是专业人员精心设计的，应用设计模板之后，添加的每张新幻灯片都会拥有相同的外观。用户可以创建自定义模板，然后存储、重用以及与他人共享模板。此外，还可以在 office.com 网站上获取数百种免费模板，利用模板快速创建具有专业水准的演示文稿。使用设计模板创建演示文稿的操作方法与 Word 中使用模板创建新文档的方法相同，这里不再赘述。

6. 应用主题

主题可以作为一套独立的选择方案应用于文档中。套用主题样式可以快速指定幻灯片的样式、颜色等内容，使演示文稿具有独具风格的统一外观。Word 和 PowerPoint 均提供了"主题"功能。

(1) 设置演示文稿主题。操作方法如下。

- 打开要应用主题的演示文稿。
- 选择"设计"选项卡，单击"主题"组中"其他"下拉按钮，在随即打开的"所有主题"列表中根据需要选择主题。
- 本例中使用的主题是"暗香扑面"。通过主题可以快速地设置整个文档的格式，包括前景颜色、背景颜色、幻灯片布局、字体大小、占位符大小和位置等。

制作演示文稿时，除了使用 PowerPoint 内置的主题样式，还可以自定义主题。执行"设计"→"其他"→"浏览主题"命令，在弹出的"选择主题或主题文档"对话框中选择要应用的主题即可。

(2) 更改主题。演示文稿应用主题后，可根据需要更改主题的颜色、字体和主题效果。操作方法如下。

- 更改主题颜色：在"设计"选项卡下"主题"组中单击"颜色"下拉按钮，在弹出的颜色下拉面板中选择需要的颜色样式。
- 更改主体字体：在"设计"选项卡下"主题"组中单击"字体"下拉按钮，在弹出的字体下拉面板中选择需要的字体样式。
- 更改主体效果：在"设计"选项卡下"主题"组中单击"效果"下拉按钮，在弹出的效果下拉面板中选择需要的效果样式。

7. 设置背景

本例中选择了"4-PowerPoint 项目素材"文件夹中的"bluehills.jpg"图片作为标题幻灯片的背景。操作方法与前面设置贺卡的背景相同，这里不再赘述。

8. 使用幻灯片母版

本例需要给每张幻灯片的左上角插入"4-PowerPoint 项目素材"文件夹中的"公司徽标.jpg"，标题样式设置为华文新魏，44 号，加粗，在页脚处添加日期、公司名称和页码。这里使用母版来完成。

母版是使演示文稿的幻灯片具有一致外观的重要工具，母版上的修改会反映在每张幻灯片上。如果要使个别幻灯片的外观与母版不同，应直接修改该幻灯片而不是修改母版。每个演示文稿都有幻灯片母版、标题母版、讲义母版、备注母版 4 种母版。其中最常用的是幻灯片母版和标题母版。

(1) 打开幻灯片母版编辑画面。执行"视图"→"母版视图"→"幻灯片母版"命令，弹出如图 4.8 所示的幻灯片母版编辑画面。

(2) 母版的格式设置。母版最多包含 5 个占位符，每个占位符是一个特殊的文本框，

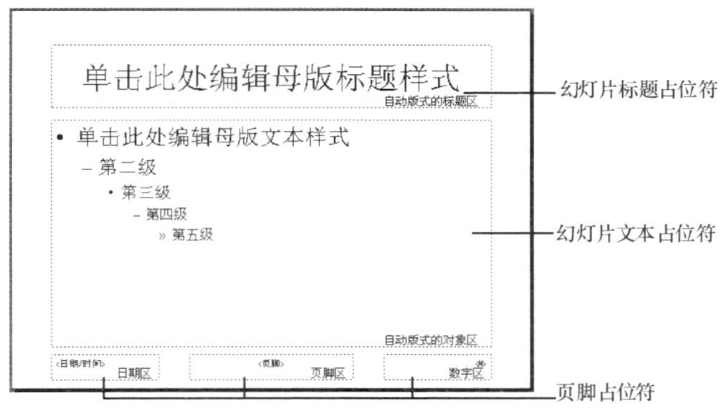


图 4.8 幻灯片母版编辑画面

具有文本框的各种属性。母版编辑画面的各占位符中的文字原文并不显示在幻灯片上，只用于控制文本的格式。

- 添加、删除占位符。删除占位符操作方法如下：选定要删除的占位符，按 Delete 键，可删除该占位符。添加占位符操作方法如下：选择“幻灯片母版”选项卡中“母版版式”组“母版版式”命令，弹出如图 4.9 所示的“母版版式”对话框，通过选定复选框可添加占位符。当母版上已有 5 个占位符时，对话框中的所有复选框为灰色，表示不可再添加。

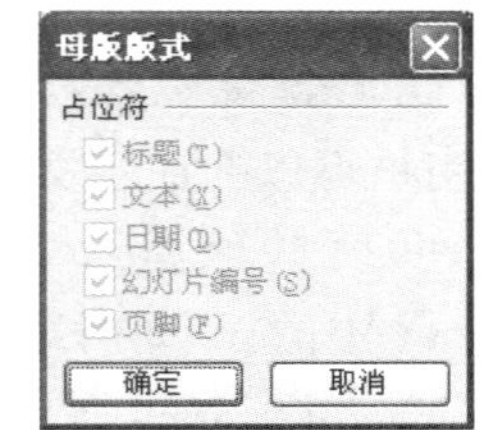


图 4.9 “母版版式”对话框

- 设置占位符格式。在幻灯片母版上单击需要设置格式的占位符，就会出现“绘图工具格式”选项卡，通过该选项卡下各组命令可以进行占位符格式的相关设置；或右击占位符，在弹出的快捷菜单中选择“设置形状格式”选项，弹出“设置形状格式”对话框，进行占位符格式的设置。操作方式同 Word。
- 设置占位符中文本的属性。选定占位符，选择“绘图工具格式”选项卡中“编辑主题”组的命令选项；或右击占位符，在弹出的快捷菜单中选择“字体”命令，可以对占位符中文本的字体、字形、字号、颜色等各种属性进行设置。
- 设置页眉和页脚。在母版上选中页眉或页脚占位符内的文本区，直接输入页眉或页脚的内容；也可以选择“插入”选项卡中“文本”组“页眉和页脚”选项，弹出“页眉和页脚”对话框，在该对话框中设置“幻灯片”页脚和“备注和讲义”的页眉和页脚的内容，如图 4.10 所示。

(3) 在母版上插入对象。用户可以在母版上插入图片、图示、文本框、音频等很多对象，在母版上插入的对象将出现在所有基于该母版的幻灯片上。本例在幻灯片母版上插入了“4-PowerPoint 项目素材”文件夹中的“公司徽标.jpg”。

9. 设置幻灯片的动画效果

对幻灯片中的对象设置动画效果可以采用“动画”选项卡中的相关命令。本例中幻灯片的动画效果设置方式同本章项目实例 1 中相关操作。

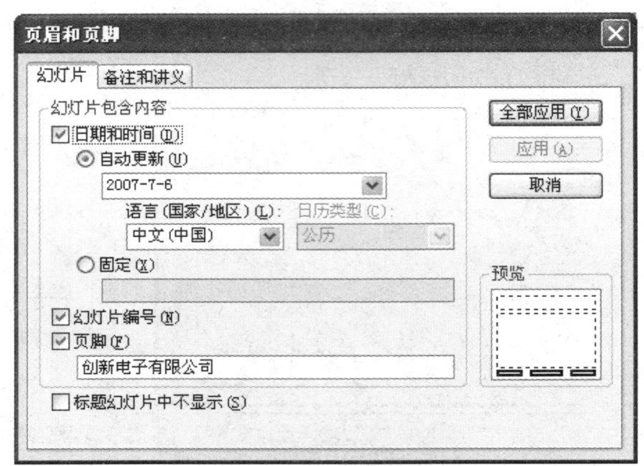


图 4.10 “页眉和页脚”对话框

10. 设置幻灯片之间的切换效果

操作方法如下：在“普通视图”或“幻灯片浏览视图”中，选择要设置切换效果的幻灯片，选择“切换”选项卡，从中选择需要的效果选项和换片方式，本例选择了“擦除”效果。

11. 创建和编辑超链接

用户可以在演示文稿中添加超链接，然后在播放时利用超链接可以跳转到演示文稿的某一页、其他演示文稿、Microsoft Word 文档、Microsoft Excel 电子表格，甚至是 Internet 中的 Web 网站或者是电子邮件地址等。本例需要设置以下的超链接。

(1) 给第 3～6 张幻灯片添加“上一张”“下一张”“返回”(指返回“主要内容”幻灯片)动作按钮。

(2) 单击标题幻灯片中的“计算机.wmf”，超链接到“4-PowerPoint 项目素材”文件夹中的“千奇百怪的电脑机箱.docx”。

(3) 在“主要内容”幻灯片中，将文字“企业概况”“企业人才”“企业组织”“业绩回顾”分别链接到相应的幻灯片。可以将幻灯片中的任何文本或对象作为超链接的起点。设置超链接后，作为超链接起点的文本会出现下画线，并且显示成系统指定的颜色。创建超链接的方法有两种：利用添加动作按钮和“超链接”命令。

- 利用动作按钮创建超链接。利用 PowerPoint 提供的动作按钮，可以方便地实现跳转到下一张、上一张、第一张、最后一张幻灯片，以及音频和视频的播放等。操作方法如下。
  - 选择要添加动作按钮的幻灯片。
  - 选择“插入”选项卡中“插图”组“形状”下拉列表，从中选择“动作按钮”选项，或选择“绘图工具格式”选项卡中“插入形状”组中的列表框，选择“动作按钮”选项，如图 4.11 所示。
  - 选择一种合适的动作按钮，单击鼠标，鼠标变成十字状，在幻灯片的合适位置上画出该按钮即可。松开鼠标后就会弹出如图 4.12 所示的“动作设置”对话框，然后根据动作需要进行选择。本例中要选中“单击鼠标”选项卡中的“超链接到”单选按钮，在相应的下拉列表框中选择要链接到的位置。

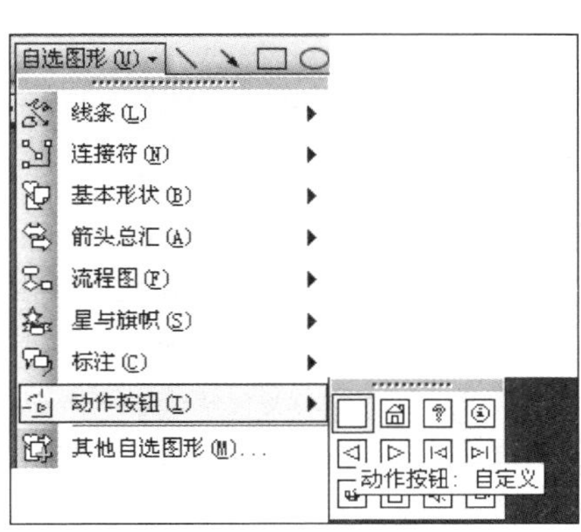


图 4.11 “形状”组中的“动作按钮”

图 4.12 “动作设置”对话框

- 编辑动作按钮的超链接。右击要编辑的超链接文本或对象，在弹出的快捷菜单中选择“动作设置”选项，在弹出的“动作设置”对话框中对已设置的超链接进行修改。
- 删除动作按钮的超链接。右击要删除的超链接文本或对象，在弹出的快捷菜单中选择“动作设置”选项，在弹出的“动作设置”对话框中选择“无动作”选项即可删除超链接。

- 使用“超链接”命令创建超链接。链接到当前演示文稿中的某幻灯片。操作方法如下。
  - 在幻灯片中选择作为超链接起点的文本或对象。
  - 选择“插入”选项卡中“链接”组“超链接”选项；或右击选定对象，在弹出的快捷菜单中选择“超链接”选项，均会弹出如图 4.13 所示的“插入超链接”对话框。

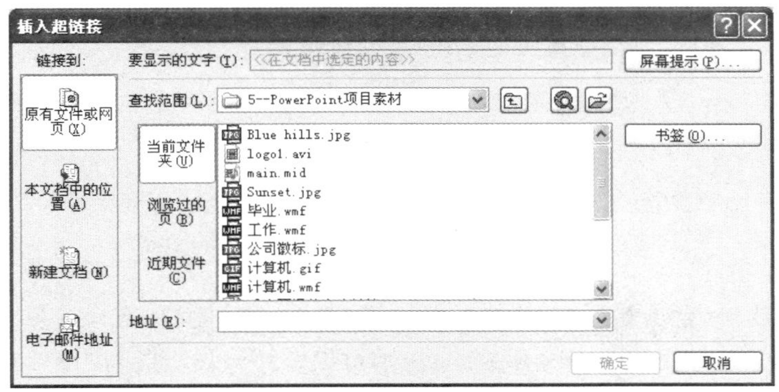


图 4.13 “插入超链接”对话框

  - 单击“链接到”框中的“本文档中的位置”按钮，在右侧栏中选择要链接到的幻灯片的标题，单击“确定”按钮，即可完成超链接。

超链接到其他文件、应用程序或 Web 地址。操作方法如下。

◆ 前三步操作同上。
◆ 在“链接到”框中单击“原有文件或网页”按钮，在右侧栏中选择要跳转到的文件，单击“确定”按钮即可。
◆ 在“链接到”框中单击“新建文档”按钮，在右侧栏中选择或输入要跳转到的文件，单击“确定”按钮即可。
◆ 在“链接到”框中单击“电子邮件地址”按钮，在“电子邮件地址”框中键入要链接的电子邮件地址，在“主题”框中键入电子邮件的主题，即可链接到指定的电子邮箱。

- 编辑超链接。操作方法如下：右击要编辑的超链接对象，在弹出的快捷菜单中选择“编辑超链接”选项，在弹出的“编辑超链接”对话框中对已设置的超链接进行编辑修改。
- 删除超链接。操作方法如下：右击要删除的超链接对象，在弹出的快捷菜单中选择“删除超链接”选项。

12. 放映幻灯片

(1) 设置放映方式。选择“幻灯片放映”选项卡，选择“设置”组“设置幻灯片放映”命令，打开“设置放映方式”对话框，如图 4.14 所示。在“设置放映方式”对话框中可根据需要选择放映方式和相关参数。放映方式有如下几种。

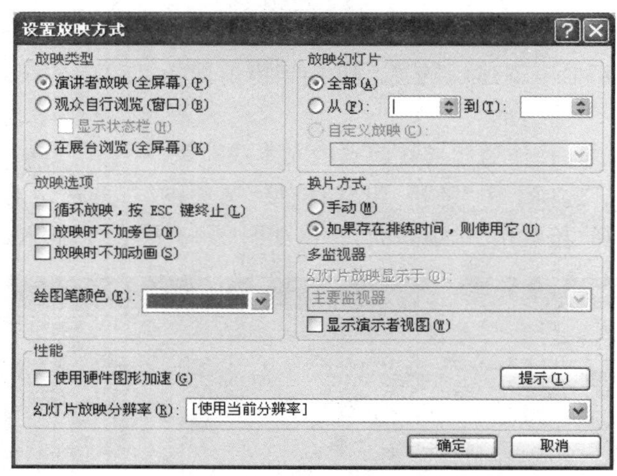


图 4.14 “设置放映方式”对话框

- 演讲者放映(全屏幕)。这是默认的放映方式。演讲者有充分的控制权，可以采用自动或人工方式控制幻灯片放映；演示可以暂停，以添加会议细节或即席反应；还可以在放映过程中录下旁白。
- 观众自行浏览(窗口)。选择此选项，能够以最小的规模放映演示文稿。放映的演示文稿出现在小型窗口中，并提供移动、编辑、复制和打印幻灯片等命令。可以使用滚动条或 Page Up 和 Page Down 键从一张幻灯片移到另一张幻灯片；可同时打开其他程序；也可显示“Web”工具栏，以便浏览其他的演示文稿或 Office 文档。

- 在展台浏览（全屏幕）。在展览会场或演示报告会中常采用此方式。在放映演示文稿时，不必专人操作。用户只能用鼠标使用超链接浏览演示文稿，但无法改动演示文稿。

**注意**：选定此选项后，“循环放映，按 Esc 键终止”复选框会自动被选中。

（2）幻灯片放映方式如下。

- 启动幻灯片放映方式：在 PowerPoint 中启动幻灯片放映的常用方式有以下几种。
  - 执行“幻灯片放映”→“开始幻灯片放映”→“从头开始/从当前幻灯片开始”命令。
  - 按 F5 键或 Shift＋F5 键。
  - 执行“视图”→“演示文稿视图”→“阅读视图”命令。
- 广播幻灯片：PowerPoint 向可以在 Web 浏览器中观看的远程观众广播幻灯片放映。
- 自定义幻灯片放映：创建或播放自定义幻灯片放映，可以仅显示选择的幻灯片，因此可以对同一演示文稿进行多种不同的放映，例如进行 30 分钟的放映或 60 分钟的放映。
- 利用播放器放映：PowerPoint 提供了专门的播放器 Microsoft PowerPoint Viewer，利用它可以在没有安装 PowerPoint 软件的计算机上播放演示文稿。

13. 保存演示文稿

PowerPoint 在“另存为”对话框的“文件类型”下拉列表中提供了以下几种常用选项。

（1）PowerPoint/PowerPoint 97-2003 演示文稿。保存为 PowerPoint 演示文稿的文件扩展名为 pptx，是默认的文件类型；保存为 PowerPoint 97-2003 演示文稿的文件扩展名为 ppt。

（2）PowerPoint 放映文件。保存为幻灯片放映的文件扩展名为 ppsx。当从桌面或文件夹窗口中打开这类文件时，它们会自动放映。如果从 PowerPoint 窗口中打开此类文件，放映结束时，该演示文稿仍然会保持打开状态，并可编辑。

（3）模板文件。保存为模板的文件扩展名为 potx。将编辑好的演示文稿作为模板保存起来，在以后制作其他演示文稿时可以直接套用它的样式。

（4）各类图形文件。可以将演示文稿中的每一张幻灯片作为一个图形文件存放在一个已命名的文件夹中，包括 jpg、gif、bmp、wmf、png 等类型文件。

### 4.3.3 项目进阶

打包就是将独立的已综合起来共同使用的单个或多个文件，集成在一起，生成一种独立于运行环境的文件。在一台计算机上制作的演示文稿，想在另一台计算机上播放时，只复制演示文稿是不合适的，因为正常放映演示文稿所必需的文件可能并不齐全。例如，要播放演示文稿的计算机上可能没有安装播放器，未包含所使用的全部字体、未包括超链接的声音、影片等文件，这样演示文稿的正常播放就很难保证。为了使演示文稿能够正常播放，PowerPoint 提供了打包功能，执行“文件”→“保存并发送”→“将演示文稿打包成 CD”命令即可实现演示文稿的打包。如果打包后又修改了演示文稿，需要再次运行“打包”命令以更新打包程序。打包后的演示文稿，可以在没有安装 PowerPoint 软件的计算机、目前主流的各种操作系统环境下运行。

注意：打包的演示文稿，可通过 PowerPoint Viewer 自带播放器播放。如果计算机中没有安装 PowerPoint Viewer 软件，则在磁盘的数据包文件夹中，双击该文件夹中 PresentationPackage. html 文件，在打开的窗口中单击 Download Viewer 按钮，按提示下载相应软件即可。

### 4.3.4 项目交流

（1）使用 PowerPoint 中的哪些技术可以实现风格统一？

（2）制作演示文稿的原则有哪些？

（3）除 PowerPoint 以外，还了解哪些幻灯片的制作软件？它们各具哪些特色？

（4）总结 Word、Excel、PowerPoint 的特色（也是在生活工作中选择此软件的原因之一）。

分组进行交流讨论会，并交回讨论记录摘要，记录摘要内容包括时间、地点、主持人（即组长，建议轮流当组长）、参加人员、讨论内容等。

## 4.4 实验实训

### 4.4.1 演示文稿制作

#### 4.4.1.1 实验实训目标

1. 实验目标

掌握演示文稿建立、编辑、美化、放映的基本操作。

2. 实训目标

培养根据需要运用演示文稿制作、展示主题内容的能力。

#### 4.4.1.2 主要知识点

（1）演示文稿的基本操作：新建与保存，视图切换，幻灯片的插入、删除、移动与复制，幻灯片的版式设置，图片和文本框等的插入与设置，影片和声音对象的使用等。

（2）演示文稿的美化：幻灯片母版应用、主题应用、背景设置等。

（3）演示文稿的放映与打包：幻灯片的切换效果设置、对象动画设置、排练计时与录制旁白、设置放映方式、自定义放映设置、演示文稿打包操作。

#### 4.4.1.3 基本技能实验

1. 模板与版式的使用

（本题使用“电子演示文稿制作\基本技能实验\1”文件夹）

打开演示文稿 PPT_ jbjn1. ppt，完成以下要求后保存文档。

提示：一般地，演示文稿默认保存文件的位置在“库”→“文档”→“我的文档”文件夹。保存的文档类型默认是.pptx。用户可根据需要改变文档的保存路径或改变文件名及类型。

（1）使用主题为“奥斯汀”的模板修饰演示文稿。

（2）将最后一张幻灯片移到第一张，并在副标题占位符处输入“领先同行业的技术”，字体设置为楷体、加粗、倾斜、44 磅。

（3）将第 4 张幻灯片的版式设置为“标题和竖排文本”，在竖排文本的左侧插入一剪贴画，剪贴画使用“computers”搜索结果中的第一行第一张。

（4）在第一张幻灯片之后插入一张新幻灯片，选择“垂直排列标题与文本”版式，标题占位符处输入“提要”，文本占位符中分别输入后 3 张幻灯片的标题文字，并分别设置超链接到后 3 张幻灯片。

（5）设置所有幻灯片的切换方式为“立方体”，单击时换片。

（6）设置第 3 张幻灯片中文本占位符的自定义动画：序列为“按段落”；进入效果为“自左侧”“飞入”，持续时间为 3 秒；退出效果为“飞出”“到右下部”。鼠标单击时开始。

2. 母版设置

（本题使用“电子演示文稿制作\基本技能实验\2”文件夹）

新建演示文稿 PPT_ jbjn2. pptx。完成以下具体要求后保存。

（1）设置主题为“波形”的母版，母版主题颜色更改为“穿越”。

（2）设置第一张幻灯片的版式为“标题幻灯片”，设置背景图片为 background. jpg，忽略母版背景图形，在标题占位符中输入“诗词鉴赏”，在副标题占位符中输入“李白 杜甫 白居易”。

（3）插入第 2～6 张幻灯片，选择“标题与内容”版式，将“诗词鉴赏. txt”文件的第 1～5 首诗的标题和内容分别添加到 2～6 张幻灯片的标题和文本占位符中，并使用幻灯片母版，将标题占位符的字体格式设为隶书，文本占位符不分多级，不使用项目符号，使用楷体 40 号字，居中对齐，在母版右下角插入“后退”“前进”动作按钮，高度为 1cm，宽度为 2cm。

（4）设置所有幻灯片的切换方式为“碎片”，单击时换片。

3. 放映设置

（本题使用“电子演示文稿制作\基本技能实验\3”文件夹）

打开演示文稿 PPT_jbjn3. pptx，完成以下要求后保存文档。

（1）显示幻灯片编号，显示页脚文字为“计算机网络基础”。

（2）设置第 1 张到第 5 张幻灯片的自动换片时间间隔，分别为 5s、10s、10s、6s、8s。

（3）设置自定义放映，名称为“计算机网络组成”，包含第 1～5 张幻灯片。

(4) 设置放映方式,使用“计算机网络组成”自定义放映,使用排练计时,放映时不加动画。

**提示**:有选择地放映幻灯片有两种方法,一种是隐藏不需要放映的幻灯片,另一种是设置自定义放映。

#### 4.4.1.4 综合实训项目

**1. 制作生日贺卡**

(本题使用“电子演示文稿制作\综合实训项目\1”文件夹)

参照本教程项目实例 1,制作一张生日贺卡,完成后保存为 PPT_ zhsx1. pptx。

要求:

(1) 根据需要安排贺卡内容。

(2) 使用背景图片。

(3) 使用背景音乐。

(4) 多个对象使用动画效果。

**2. 制作“我的家乡介绍”的演示文稿**

(本题使用“电子演示文稿制作\综合实训项目\2”文件夹)

利用 PowerPoint 的功能,介绍宣传我的家乡,完成后保存为 PPT_zhsx2. pptx。

要求:

(1) 至少有 10 张幻灯片。

(2) 使用主题、设置背景美化幻灯片。

(3) 使用动作按钮。

(4) 使用超链接。

(5) 使用多种不同的幻灯片切换方式。

(6) 使用动画效果。

(7) 将一首自己喜欢的歌曲作为背景音乐贯穿所有幻灯片。

(8) 最后放映观看效果。

**3. 制作动画故事演示文稿**

(本题使用“电子演示文稿制作\综合实训项目\3”文件夹)

尝试利用 PowerPoint 的动画和多媒体功能制作一篇动画故事的演示文稿,完成后将其保存为 PPT_zhsx3. pptx。

**小贴士**:

(1) 删除超链接操作:右击超链接的对象,在弹出的快捷菜单中选择“编辑超链接”命令,打开“编辑超链接”对话框,单击“删除链接”按钮即可。

(2) 如果对自定义设置的视频文件画面大小、色彩等不满意,可直接单击“调整”组“重置设计”按钮,即可恢复成默认视频画面效果。

(3) 如果预设的视频样式不符合自己的要求，可以单击“视频样式”组“视频形状”“视频边框”“视频效果”按钮设置为自己喜欢的视频画面样式。

(4) 书签是用来标识视频播放到的位置。在视频剪辑中添加书签可以快速切换到需要位置。操作方法如下：先选中要添加书签的帧，然后选择“视频工具—播放”选项卡，单击“书签”组“添加书签”按钮即可。在播放时，按下 Alt＋Home 或 Alt＋End 组合键或鼠标单击标记书签的位置，都可实现视频跳转播放。

(5) 为了使视频与幻灯片切换完美结合，可对视频文件淡入、淡出的时间进行设置。

### 4.4.1.5 实训拓展项目

1. 录制旁白功能

(本题使用“电子演示文稿制作\实训拓展项目\1”文件夹)

打开已完成的“演示文稿制作\基本技能实验\2\PPT_ jbjn2. pptx”，练习使用录制旁白功能为每首诗添加语音旁白，完成后另存文档到本题对应文件夹，观看放映效果。

2. 保存大纲文件

(本题使用“电子演示文稿制作\实训拓展项目\2”文件夹)

打开已完成的“演示文稿制作\基本技能实验\3\计算机网络\PPT_ jbjn3. pptx”，将文件另存为“大纲/RTF 文件( *. rtf)”文件，查看得到的大纲文件中都包含什么内容，是否包含了演示文稿中的全部文字？如果没有，思考一下为什么？

3. 使用影片对象

(本题使用“电子演示文稿制作\实训拓展项目\3”文件夹)

从网上搜索小视频文件，练习在幻灯片中插入视频文件，并观看放映效果。

4. 制作有关微型计算机硬件组成的幻灯片

(本题使用“电子演示文稿制作\实训拓展项目\4”文件夹)

新建一个演示文稿文件，以图文并茂的形式展示微型计算机的硬件组成，制作完成后保存成 ppsx 类型文件并观看放映效果。

5. 制作电子相册

(本题使用“电子演示文稿制作\实训拓展项目\5”文件夹)

用 PowerPoint 制作个人相册，来展示自己的成长历程。参照模板文件“成长中的我们. potx”。

小贴士：

(1) 如果对录制的旁白或计时不满意，可单击“设置”组“录制幻灯片演示”按钮，在展开的下拉列表中单击“清除”选项，在其下级列表中单击“清除所有幻灯片中的计时”选项或是“清除所有幻灯片中的旁白”选项，即可删除当前演示文稿中所有幻灯片的计时或旁白。

(2) ppsx 类型即“PowerPoint 放映”文件，双击此文件即可直接放映演示文稿。

(3) PowerPoint 相册也是 PowerPoint 演示文稿，所以对演示文稿设置效果同样适用于 PowerPoint 相册。操作方法如下：执行“插入”→“新建相册”命令，在弹出的“相册”对话框中根据提示进行设置即可。每插入一张照片，系统就相应插入一张新幻灯片。如果想一次插入多张照片，可一次选择多张，方法是按 Shift 键的同时单击选取，或按 Ctrl 键的同时单击选取。

(4) 可用多个节来组织大型幻灯片版面，以方便演示文稿的管理和导航。另外，通过对幻灯片进行标记并将其分为多个节，可实现与他人协作创建演示文稿。

# 第5章 Internet的应用

计算机网络从ARPAnet到今天的互联网(Internet),经过几十年的发展,计算机网络的应用越来越广泛,已深入到社会各个领域。万维网(World Wide Web,WWW)、电子邮件、电子商务、远程医疗、远程教育、在线聊天等网络信息服务在改变着人们的生活,也影响着社会经济的发展。

## 5.1 浏览器简介

浏览器是用于显示在万维网或局域网等内的文字、图像及其他信息,是一种客户端的应用软件。

目前浏览器有很多。常见的有Firefox、Google Chrome、百度浏览器、猎豹浏览器、360浏览器、UC浏览器和IE(Microsoft Internet Explorer)等。

## 5.2 项目实例1:信息浏览与搜索

### 5.2.1 项目要求

要求利用IE浏览万维网并进行如下的操作。

(1) 打开中国教育和科研网,浏览中国教育和科研网导航栏左侧“中国教育”栏中的“文献资料”链接页,并在打开的“教育发展历史”链接页中,浏览“教育规划纲要颁布实施一周年大事记”,并将该网页保存和打印。

(2) 搜索同关键词“计算机网络课程”有关的站点。

(3) 下载“AcdSee中文版”软件。

通过本项目实例的学习,可以掌握万维网的特点和IE及Internet选项设置、使用IE访问Internet、下载文件和搜索引擎的使用等知识点。

## 5.2.2 项目实现

1. 选择和安装 IE 浏览器

要读取 WWW 的超文本，必须先在自己的计算机上安装浏览器(Browser)，Windows 操作系统中自带 IE，这里主要讲 IE 浏览器的基本操作。

2. IE 浏览器窗口

启动 IE 的常用方法有以下几种。

(1) 双击桌面上的 IE 快捷方式图标。

(2) 单击任务栏快速启动栏中的 IE 图标按钮。

(3) 打开“开始”菜单，选择“所有程序”→Internet Explorer 命令。

IE 浏览器窗口由标题栏、菜单栏、地址栏、工具栏、搜索栏、网页浏览区、状态栏、收藏夹栏、选项卡栏、快速导航选项卡等组成，如图 5.1 所示。这里重点讲工具栏、搜索栏、收藏夹栏和选项卡栏的功能及使用。

图 5.1 IE 8.0 窗口组成

- 工具栏：包括浏览网页时的所有常用工具按钮，通过单击相应的按钮可以快速对浏览的网页进行相应的设置。
- 搜索栏：在文本框中输入需要搜索的内容，按 Enter 键确认或单击“搜索”按钮，即可搜索相关内容。单击“搜索”右侧的下拉按钮，在弹出的列表框中可以选择相应的搜索设置。

- 收藏夹栏：收藏常用或喜欢网站的网址。单击“收藏夹”按钮可以在IE浏览器窗口的左侧打开一个窗格，其中包括“收藏夹”“源”和“历史记录”等3个选项卡，分别显示收藏的网址、更新的网站内容以及浏览的历史记录；单击“添加到收藏夹栏”按钮，将添加一个当前网页的超链接，单击相应的网页超链接即可进入相应的网页。
- 选项卡栏：当在浏览器中打开多个网页时，每个网页以按钮形式存在于选项卡栏，通过单击选项卡来快速切换至所需页面。

**说明**：“快速导航选项卡”按钮只有当选项卡打开了多个网页时才显示。

### 3. 打开网页

本例需要首先打开中国教育和科研网，在IE中可以通过以下几种常用方法来打开要访问的网页。

（1）使用“地址栏”。如果知道其网址，可以在地址栏中直接键入 http://www.edu.cn 或在其下拉列表框中选择URL地址，按Enter键确认或单击“转至”按钮，即可打开对应的网页。单击右侧的下拉按钮，在弹出的列表框中显示了之前浏览过的网址，选择其中某个网址即可快速访问曾经浏览过的网页；单击“刷新”按钮，可以重新加载当前网页的内容；单击“停止”按钮，可以停止对当前网页的加载。

**注意**：只需输入网址部分内容，浏览器就可自动判断和搜索最可能的组合。

**想想议议**

在IE浏览器中，“转至”按钮与“刷新”按钮有何区别？

（2）使用“文件”菜单中的“打开”命令。

（3）使用“历史”记录。此方法可快速链接“历史记录”中记录的Web页地址。常用有三种方法：

- 执行“查看”→“浏览栏”→“历史记录”命令，在浏览器窗口左侧显示“历史记录”窗格，单击“历史记录”窗格中的下拉列表，选择按日期查看的网页。
- 右击“任务栏”上的IE图标，在Jump List列表中选择相应的网站。
- 单击“快速导航”选项卡，在下拉列表中选择。

**注意**：在Windows 7系统中，系统默认会将IE浏览器固定在任务栏上面，右击显示常用的访问网站(Jump List)，即历史记录中访问次数最多的网站。

（4）使用“收藏夹”列表。操作如下：单击收藏夹栏中的“收藏夹”按钮或执行“查看”→“浏览栏”→“收藏夹”命令，均可以打开添加到收藏夹中的网页。也可以直接打开添加到收藏夹栏中网页。

（5）使用“选项卡”按钮。操作如下：单击选项卡栏中任何一个网页按钮，可快速打开相应网页。

(6) 使用网络实名功能。开启网络实名功能后，就可以在自己的浏览器地址栏用中文直接访问网络资源。本例中直接在地址栏中输入“中国教育和科研计算机网”也可以打开此网页。网络实名被分成两大类，即企业实名(标准实名)和行业实名(网络王牌)。

- 企业实名是企业、产品、品牌、网站的名称和简称。
- 行业实名是指行业、产品(或服务)类别的统称、通用词汇、常用词以及地名、风景名胜名称和国家名称。

**4. 浏览与保存 Web 页**

浏览中国教育和科研计算机网左侧“中国教育”栏中的“文献资料”链接页，并在打开的“教育发展历史”链接页中，浏览“教育规划纲要颁布实施一周年大事记”，并将该网页保存。

(1) 使用快速导航选项卡或地址栏上的“后退”“前进”“停止”“刷新”等按钮提高浏览效率。

> **说明**：为了方便阅读浏览网页内容，可利用 IE 的缩放功能放大或缩小网页，缩放范围介于 10%和 1000%之间。在 IE 窗口的右下角有一个缩放按钮，单击按钮右边的箭头，会产生缩放菜单，根据需要选择缩放比例。也可以使用 Ctrl++组合键 25%增量放大；Ctrl+-组合键 25%增量缩小；Ctrl+ * 组合键，将缩放还原到 100%。

(2) 保存 Web 页中的内容。打开“文件”菜单，选择“另存为” 命令，在弹出的“保存 Web 页”对话框中进行操作。

## 相关知识

### IE 的其他保存方式

**1. 保存部分文本信息**

如果只希望将浏览网页的部分文本保存起来，可以利用剪贴板实现。

**2. 保存网页中的图片**

(1) 将图片保存为图形文件。在网页中右击要保存的图形，在其快捷菜单中选择“图片另存为”命令。

(2) 将图片放入到其他文件中，可以利用剪贴板实现。

**3. 保存链接页**

将鼠标移到要保存的链接上右击，在弹出的快捷菜单中选择“目标另存为”命令。

**5. 将网页添加到“收藏夹”**

“收藏夹”用于保存用户收藏的 Web 页或 URL 地址。本例要将中国教育和科研计算机网的主页收藏到文件夹中。

(1) 打开要收藏的网页。

(2) 打开“收藏”菜单，选择“添加到收藏夹”命令；或在网页中右击，在弹出的快捷菜单中选择“添加到收藏夹”选项；或单击收藏夹栏中的“收藏夹”按钮，选择“添加到收藏夹”

选项。这三种方法均可打开“添加收藏”对话框。

(3) 在“名称”框中显示收藏网页的名称，在“创建位置”选项列表框中选择收藏的文件夹，或新建文件夹。

(4) 最后，单击“添加”按钮，将添加一个当前网页的超链接，完成收藏操作。

另外，打开“收藏”菜单，选择“整理收藏夹”选项，将弹出“整理收藏夹”对话框，该对话框包含有“新建文件夹”“移动”“重命名”和“删除”等 4 个命令按钮，方便收藏夹的管理。

### 6. 打印和发送 Web 页

用户可以将浏览的当前网页进行打印和发送。

(1) 打印 Web 页。打开“文件”菜单，选择“打印”选项；或使用 Ctrl+P 键，均会弹出“打印”对话框，在对话框中设置打印参数即可。

(2) 发送 Web 页。打开“文件”菜单，选择“发送”选项，在其级联菜单中有以下三种选择方式。

- “电子邮件页面”选项：把当前 Web 页的内容作为新邮件的内容进行发送。
- “电子邮件链接”选项：把当前 Web 页的链接地址作为新邮件的内容进行发送。
- “桌面快捷方式”选项：可以在桌面上添加一个指向该站点的快捷方式，以后双击此图标即可启动 IE 直接访问该站点。

### 7. 信息搜索

Internet 是一个信息的海洋，各网页之间互相链接，错综复杂，需要一些方法帮助用户找到所需要的信息，网上信息搜索技术主要有以下几种。

(1) 网站导航。某些网站设有“网站导航”或“站点地图”，可利用其收集的“网站目录”来查找用户需要的网站。比如，打开“Google 网站导航”(http://daohang.google.cn/)页面，用户单击这些相关链接，就可进入相应网站。

(2) 搜索引擎。搜索引擎是指一类运行特殊程序的、专用于帮助用户查询 Internet 上信息的特殊站点。它是一种 Internet 信息查询工具，它使用某种软件程序(如 Robots、Spiders 或 Crawler 等)，按照一定的策略、运用特定的计算机程序，逐个访问 Internet 上的 Web 站点，以及其他信息服务系统，收集并返回有关的 URL 地址及其对应的信息(包括标题、作者、内容简介、分类目录、关键词等)，然后组成数据库，并向用户提供按分类目录和关键词进行信息查询的服务。

搜索引擎一般由信息提取系统、信息管理系统和信息检索系统三个部分组成。

搜索 Internet 的信息，除了使用 IE 内置的 Bing 程序(搜索引擎)外，还可以使用专业的搜索引擎程序进行信息搜索。

- IE 自带的 Bing 搜索引擎。在 IE 窗口右上角的搜索框中输入想要搜索的关键字或短语，然后按 Enter 键，搜索结果显示在窗口中。
- 其他搜索引擎。国内外常用的专业搜索引擎有百度、SOSO、Google、雅虎中国等。使用时在 IE 的地址栏中输入相应的网址即可打开该网站的首页。然后，在页面“搜索框”中输入想要搜索的关键字或短语，最后按 Enter 键或单击“搜索”按钮。

(3) 关键词查询。根据用户给出的关键词，搜索引擎在其数据库中进行查询，并将结果反馈给用户。关键词分为单个关键词和多个关键词，在使用多个关键词查询时，大多数搜索引擎可以由 AND、OR 或 NOT 逻辑运算符以及括号组成复杂的关键词表达式。

在搜索引擎中常用的操作符或逻辑运算符如下。

- 英文双引号：表示要搜索的文档中，必须包含英文双引号内的短语，并保证准确的顺序。例如，关键词为“计算机网络课程”，此时必须按“计算机网络课程”关键词进行严格的搜索。
- ＋(AND)：表示该词必须在查询结果中出现。
- －(NOT)：表示该词不能在查询结果中出现。例如，关键词为“＋计算机－网络课程”，表示查找包含“计算机”但不包含“网络课程”关键词的网页。
- OR：表示要搜索的网页中包含 OR 两端连接的一个关键词即可。
- 括号：用于将逻辑运算符组合起来。
- 通配符“*”：代表任意字符。
- 区分大小写：这是检索英文信息时要注意的一个问题，许多英文搜索引擎可以让用户选择是否要求区分关键词的大小写，这一功能对查询专有名词有很大的帮助。例如，Web 专指万维网或环球网，而 web 则表示蜘蛛网。

**注意：**

(1) 不同搜索引擎的关键词查询语法不尽相同，特别是在用逻辑运算符构成关键词表达式时的具体做法差别较大。多数的搜索引擎都会提供帮助来解释具体的查询方法，用户可以从这些帮助信息中获得相应搜索引擎的基本使用方法。

(2) 当在某个搜索引擎中得不到满意的结果时，在另一个搜索引擎中使用同样的关键词却有可能获得成功。

**想想议议**

通过搜索引擎检索信息时，怎样表达自己的意愿，才能准确找到所需内容方面的文献资料？请写出“唐诗宋词”的检索表达式，并尝试进行搜索。

### 8. 软件下载

软件下载(Download)是从网上获取软件资源的重要手段，有付费和免费两种下载方式。经常使用的下载操作有三种，即访问“下载网站”、访问“大型主页”和访问“FTP 服务器”。

(1) 访问“下载网站”。Internet 上有一批专门提供下载软件的网站，它们将可以下载的软件分类整理，然后向用户提供检索和下载。例如，中国下载网(http://www.downweb.cn)、中国自由软件库(http://freesoft.cei.gov.cn)等。

本例通过访问“华军软件园”来下载“AcdSee 中文版”软件。

- 首先打开“华军软件园”主页。根据用户情况寻找镜像站点，比如单击“南京站点”，出现相应网页。
- 在文本框中输入搜索关键字，例如“AcdSee 中文版”，单击“搜索”按钮，即可得到搜索结果。

- 如果该软件可从多个下载站点下载，可选择一个站点，弹出“文件下载”对话框，根据对话框中的提示信息进行操作即可。

（2）访问“大型主页”。在一些大型网站中都有下载中心或下载区，比如打开新浪下载中心网页 http://tech.sina.com.cn/down，可以从中搜索并选择需要的软件，按提示下载即可。

（3）访问“FTP 服务器”。IE 浏览器软件包含 FTP 客户程序，支持 FTP 功能，因此用户可以“匿名”方式访问 FTP 服务器，下载需要的文件。

国内知名的 FTP 站点有：中国科学院(ftp://ftp.cnc.ac.cn)、北京大学(ftp://ftp.pku.edu.cn)、清华大学(ftp://ftp.tsinghua.edu.cn)、金桥网(ftp://ftp.gb.co.cn)、中国互联网(ftp://ftp.bta.net.cn)等，也可以通过搜索引擎和搜索网站来查找。

**想想议议**

在下载资源时，你是否使用过迅雷、网络蚂蚁(NetAnts)等下载软件？这些软件为下载提供了哪些方便？

## 5.2.3 项目进阶

**1. 使用 IE 的“Internet 选项”进行高级设置**

（1）设置“中国教育和科研计算机网”为启动 IE 时的默认主页。

（2）通过管理临时文件和不浏览声音、动画等设置，提高网页浏览速度。

（3）对 IE 安全系统进行设置。

**2. 使用常用检查网络的 DOS 命令，查找网络故障，解决常见网络问题**

（1）ping 命令。ping 命令用于确定本地主机是否能与另一台主机成功交换数据包。根据返回的信息，可以推断 TCP/IP 参数(因为现在网络一般都是通过 TCP/IP 协议来传送数据的)是否设置正确，以及运行是否正常、网络是否通畅等。但 ping 成功并不代表 TCP/IP 配置一定正确，有可能要执行大量的本地主机与远程主机的数据包交换，才能确定 TCP/IP 配置无误。执行格式为：

```
ping  IP地址
```

（2）ipconfig 命令。ipconfig 命令通常只被用户用来查询本地的 IP 地址、子网掩码、默认网关等信息。ipconfig、ping 是诊断网络故障或查询网络数据时常用的命令，可以通过“ipconfig/?”或“ping/?”这种标准的 DOS 命令帮助方式来获取相关信息。

（3）tracert 命令 。tracert 命令能够追踪访问网络中某个节点时所走的路径，也可以用来分析网络和排查网络故障。比如，执行 tracert sohu.com.cn 命令后，系统会从上至下反馈出我们访问 sohu.com.cn 所走过的“足迹”。最上方的 IP 地址是本地的网关，最后面一个是 sohu.com.cn 网站的 IP 地址。

（4）netstat 命令。netstat 命令是一个监控 TCP/IP 网络的实用的工具，它可以显示实际的网络连接以及每一个网络接口设备的状态信息。

### 5.2.4 项目交流

(1) 浏览器的作用是什么？你还听说或者使用过哪些浏览器？各有哪些特色？

(2) 到目前为止你享用过 Internet 的哪些服务？你还希望 Internet 为你提供哪些服务？

(3) 常用的信息检索技术有哪些？怎样又快又准确的在网上搜索到想要的资料？

分组召开交流讨论会，并交回讨论记录摘要，内容包括时间、地点、主持人(即组长，建议轮流当组长)、参加人员、讨论内容等。

## 5.3 项目实例 2：电子邮件的使用

### 5.3.1 项目要求

本项目实例是要通过电子邮件给高中同学群组发送一封聚会通知。具体要求如下。

(1) 在网易网上注册申请一个用户名为 hb_liming 的电子邮箱。

(2) 在 Outlook 中添加一个账号：显示名均为 liming，邮件地址为 hb_liming@163.com、邮件接收(POP3)服务器为 pop3.163.com、邮件发送(SMTP)服务器为 smtp.163.com、密码为 31415926。

(3) 使用电子邮箱 hb_liming@163.com 给高中同学群组发送邮件。设置信纸为"五彩激光"，主题为"聚会通知"，邮件内容为"大家好，定于正月初八中午 11 点在母校旁边的聚福楼酒店聚会。"，并将文字"母校"超链接到本母校的网址，如"http://www.handanyz.com"。然后在正文中插入"7—网络项目素材"文件夹中的 welcome10.gif 文件，附件中插入"7—网络项目素材"文件夹中的"程琳-相聚.mp3"文件。

通过本例的学习，可以掌握电子邮箱的申请、Outlook 的运行和设置、电子邮件的撰写、收发和管理等知识点。

**相关知识**

**电子邮件概述**

电子邮件(简称 E-mail)是指在计算机之间通过网络即时传递信件、文档或图形等各种信息的一种手段。电子邮件是 Internet 最基本的服务，也是最重要的服务之一。

1. 电子邮件的协议

SMTP 协议(Simple Mail Transmission Protocol)采用客户机/服务器模式，适用于服务器与服务器之间的邮件交换和传输。Internet 上的邮件服务器大都遵循 SMTP 协议。

POP3(Post Office Protocol)是邮局协议的第三个版本，电子邮件客户端用它来连接POP3 电子邮件服务器，访问服务器上的信箱，接收发给自己的电子邮件。当用户登录POP3 服务器上相应的邮箱后，所有邮件都被下载到客户端计算机上，而在邮件服务器中不保存邮件的副本。

大多数的电子邮件服务软件都支持 SMTP 和 POP3。因此，许多公司或 ISP 都有一台提供 SMTP 和 POP3 功能的服务器。

IMAP 协议(Internet Mail Access Protocol)是一种优于 POP 的新协议。与 POP 一样，IMAP 也能下载邮件、从服务器中删除邮件或询问是否有新邮件，但它克服了 POP 的一些缺点。通过用户的客户机电子邮件程序，IMAP 可让用户在服务器上创建并管理邮件文件夹或邮箱、删除邮件、查询某封信的一部分或全部内容，完成所有这些工作时都不需要把邮件从服务器下载到用户的个人计算机上。支持 IMAP 的常用邮件客户端有 ThunderMail、Foxmail、Microsoft Outlook 等。

**2. 电子信箱地址(E-mail 地址)**

电子信箱地址是 Internet 网上用户所拥有的不与他人重复的唯一地址。

电子信箱地址格式为：

用户名@邮箱所在的邮件服务器的域名

其中，@符号代表英语中的 at，@前面的部分为用户名；@后面部分表示用户信箱所在计算机的域名地址。如 hb_liming@yahoo.com.cn，用户名是 hb_liming，邮件信箱所在的主机域名地址是 yahoo.com.cn。

## 5.3.2 项目实现

**1. 获取电子信箱**

电子信箱需要向网络管理部门申请。现在最常用的获得电子信箱的方法是在 Internet 上申请免费信箱。许多网站都提供免费电子邮件服务，打开邮箱注册网页，按照提示填写后提交即可。本例在网易网站上注册申请了一个电子邮箱 hb_liming@163.com。

**2. 启动 Outlook**

Outlook 是 Microsoft office 套装软件的组件之一，通过它可以收发电子邮件、管理联系人信息、记日记、安排日程、分配任务。它还可以帮助您与他人保持联系，并更好地管理时间和信息。

启动 Outlook 的常用方法与 Microsoft Office 其他套装软件基本相同，这里不再赘述。

Outlook 窗口元素与其他 Office 组件基本相同，不同之处：邮件任务窗格、导航窗格、邮件文件夹窗格等，如图 5.2 所示。

**注意**：第一次启动 Outlook 时，并不能直接打开 Outlook 2010 用户界面，必须根据向导申请一个邮件账号。

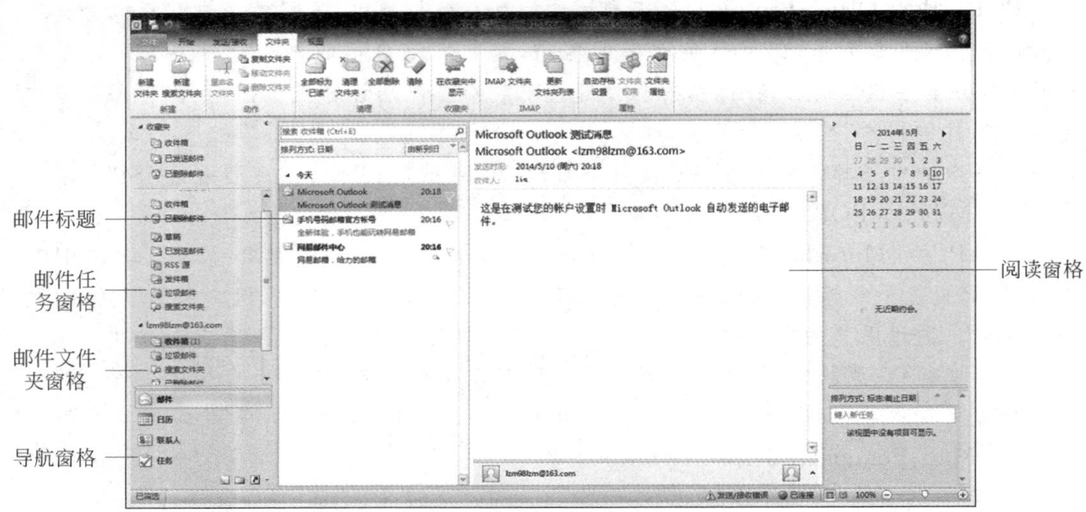


图 5.2 Outlook 2010 窗口界面

**3. 设置邮件账号**

用户使用 Outlook 收发电子邮件时，需要设置邮件账号，然后才能收发电子邮件。

电子邮件账号的设置有两种方法：一种是首次启动 Outlook 程序时添加；另一种是通过 Outlook 窗口添加。以第二种方法为例，操作步骤如下。

(1) 选择"文件"→"信息"，单击"账号信息"窗格中的"添加账号"按钮；弹出"添加新账号"对话框，输入账号信息。

(2) 在"添加新账号"对话框中"你的姓名"文本框中输入信箱使用者的姓名，本例这里输入"liming"。

(3) 如果用户已经申请到一个电子信箱，那么在"电子邮件地址"的文本框中输入用户已申请到的电子信箱地址，如本例使用了 hb_liming@yahoo.com.cn。在"密码""重新输入密码"文本框中输入用户邮箱的密码。

(4) 上述电子邮件账号信息输入完成后，单击"添加新账号"对话框中的"下一步"按钮，等成功连接到服务器后，单击"完成"按钮，添加邮件账号完成。

**注意**：接收邮件服务器地址和外发邮件服务器地址由 ISP 提供，在用户申请电子信箱的站点中可以查找到。

用这种方法，用户可以为自己拥有的多个电子信箱分别设置邮件账号。本例为 hb_liming@yahoo.com.cn 和 hb_liming@163.com 两个信箱分别设置邮件账号。

**4. 文件夹管理**

文件夹在 Outlook 中有着重要的地位，它提供 5 个系统文件夹，即：

(1) "收件箱"：存放接收到的所有邮件。

(2) "已发送邮件"：存放发送出去的邮件副本，以备日后查阅。

(3) "已删除邮件"：保留被删除的邮件，已备需要时恢复。

(4) "草稿"：存放用户还没有撰写完的邮件。

(5)“发件箱”：存放要发送的邮件。Outlook 与服务器连接后，所有存放在“发件箱”中的邮件都被立即发送出去。

这 5 个系统文件夹既不能被删除，也不能被重命名。为了对信箱中的邮件进行分类管理，用户可以使用如下操作。

(1) 个人文件夹。个人文件夹是在设置邮件账号时，创建了一个. pst 数据文件，用于将用户的邮件和其他项目存储在计算机中。个人文件夹是 Outlook 文件夹列表中的这些文件的默认值显示名称。如果使用默认名称，该文件夹列表条目读取“Outlook 今日-个人文件夹”，也可以自定义这些显示的名称。

(2) 创建文件夹。当多人使用同一个 Outlook 收发电子邮件时，可以创建不同的数据文件来管理自己的邮件。在“个人文件夹”任务窗格内右击，执行快捷菜单中的“新建文件夹”命令，然后在弹出的“新建文件夹”对话框中输入新建的文件夹“名称”，然后单击“确定”按钮。

(3) 删除文件夹。在 Outlook 文件夹列表中，选择要删除的文件夹，右击要删除的文件夹，在快捷菜单中选择“删除文件夹”命令。

(4) 移动文件夹。在文件夹列表中选中待移动的文件夹，用鼠标将其拖向目标文件夹即可。

(5) 重命名文件夹。右击需重命名的文件夹，在快捷菜单中选择“重命名文件夹”命令。

6. 通讯簿管理

Outlook 中的通讯簿具有存储联系人信息的功能。不但可以记录联系人的电子邮件地址，还可以记录联系人的电话号码、地址等信息。本例需要建立“高中同学”联系人组。

(1) 增加联系人信息。可以使用多种方式将电子邮件地址和联系人信息添加到通讯簿，可以直接输入，也可以从其他程序导入，常用的有以下几种方法。

直接输入联系人信息，操作步骤如下。

- 在 Outlook“联系人”视图中，选择“开始”选项卡，单击“新建”组中的“新建联系人”按钮，打开“未命名-联系人”窗口。
- 在打开的“未命名-联系人”窗口中，输入联系人的姓名、单位等信息。最后单击“动作”组中的“保存并关闭”按钮即可。

**注意**：双击“联系人”窗格的空白处，或按 Ctrl+N 键均可以打开“未命名-联系人”窗口。

- 从电子邮件中添加联系人。为了减少输入信息量，可以利用接收到的邮件，自动将收件人信息添加到通讯簿，操作步骤如下。
  - 要将发件人的信息添加到联系人列表中，应先打开收到的邮件。
  - 在导航窗格中，选择“邮件”选项卡，选择包含要添加到联系人列表中姓名的电子邮件，然后右击发件人的地址，在弹出的快捷菜单中执行“添加到 Outlook 联系人”命令，在打开的窗口中编辑联系人的信息，最后，单击“确定”按钮，发件人的 E-mail 地址自动添加到通讯簿中。

(2) 创建联系人组。通过创建联系人组,可以将邮件发送给一批收件人。在发送邮件时,只需在“收件人”文本框中输入“组名”,就可以将此邮件发送给组内的每一个成员,操作步骤如下。

- 在导航窗格中,选择“联系人”选项,单击“新建”组中的“新建联系人组”按钮,在打开的“未命名-联系人组”窗口中,输入联系人组的名称。如输入“高中同学”。这时窗口的名称成为“高中同学-联系人组”。
- 在“高中同学-联系人组”窗口中,单击“成员”组中的“添加成员”下拉按钮,执行“从通讯簿”命令,在弹出的“选择成员:联系人”对话框中选择联系人,在联系人列表框中选择要添加到该联系人组的联系人,利用 Ctrl 键选中多个联系人后,单击“成员(B)—〉”按钮,将其添加到按钮右侧的文本框中。
- 单击“确定”按钮后,将选中的联系人添加到当前联系人组中。
- 选择“联系人组”选项卡,单击“动作”组中的“保存并关闭”按钮,即可完成联系人组的建立。

(3) 管理联系人信息。联系人排序。利用 Outlook 提供的排序功能,用户可以根据个人需要对众多联系人进行排序,以方便查找联系人。邮件的排列方式默认是按“日期”排列,用户可根据需要改变这种排列方式,主要有以下两方法。

- 利用“排列”组。选择“视图”选项卡,单击“排列”组中的“其他”按钮,在打开的列表中选择一种排列方式即可。
- 利用“排列方式”栏。单击邮件列表顶部的“排列方式”栏,在弹出的菜单中选择一种排列方式命令即可。

(4) 删除联系人。操作如下:在“联系人”操作窗口中选中要删除的联系人,然后右击,选择快捷菜单中的“删除”命令,即可快速删除选中的联系人。

(5) 查找联系人。在“查找”组中的“下拉列表文本框”中输入联系人的名字,然后按回车键或单击“通讯簿”按钮,在产生的“通讯簿:联系人”对话框中,根据对话框中的信息也可实现联系人的查找。

7. 邮件的撰写与发送

邮件的撰写与发送操作步骤如下。

(1) 创建新邮件。

- 创建空白邮件,主要有两种方法。
    - ◆ 在导航窗格中,选择“邮件”选项后,打开“收件箱”操作窗口,选择“开始”选项卡,单击“新建”组中的“新建电子邮件”按钮,打开“未命名-邮件”窗口,然后根据窗口中的信息,输入“收件人地址”“主题”及要发送的邮件内容,即可完成新邮件创建。
    - ◆ 打开“邮件”窗口后,使用 Ctrl+N 键。
- 创建带信纸格式的邮件。如果想创建出更具吸引力的电子邮件,可以用 Outlook 提供的信纸。信纸是一种模板,它可以包含背景图案、独特的字体颜色以及自定义的页边距。操作方法:在“Outlook”窗口中单击“文件”按钮,在下拉菜单中选择“选项”→“邮件”→“信纸和字体”→“个人信纸”→“主题”选项,在弹出的“主题或信纸”对话框选择需要的主题信纸。

本例选择主题为“海底博览”的信纸，如图 5.3 所示。

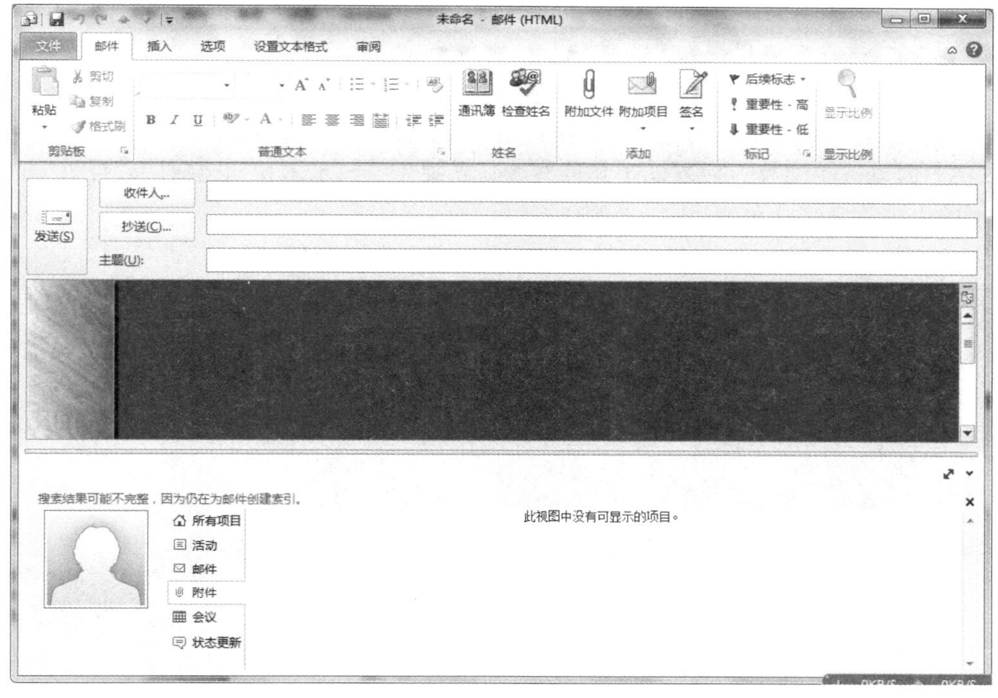


图 5.3 “海底博览”信纸效果

(2) 填写邮件项目。在“收件人”栏、“抄送”栏分别输入接收方的信箱地址。输入接收方地址的方法有两种。

- 使用键盘直接输入对方的邮件地址。若有多人，在每个 E-mail 之间用逗号或分号隔开。
- 打开“工具”菜单，选择“选择收件人”选项，弹出“选择收件人”对话框，从中选择收件人、抄送的地址。这里选择了“高中同学”组。

(3) 填写主题。在“主题”栏输入这封邮件的简要说明。

(4) 输入并编辑邮件正文。在正文框中，输入邮件的正文。如果需设置正文文本、图形等格式，如同 Word 设置，这里不再赘述。

(5) 在邮件中插入附件。在创建邮件时，如给联系人发照片、文档时，可以用 Outlook 提供的插入附件功能来实现，操作步骤如下：打开“插入”选项卡，单击“添加”组中的“添加文件”按钮，弹出“插入文件”对话框，这里选择用作附件的文件是“7-网络项目素材”文件夹中的“程琳-相聚. mp3”，最后单击“确定”按钮。

(6) 发送电子邮件。最后单击“新邮件”对话框中的“发送”按钮即可完成邮件的发送。

### 8. 电子邮件的接收、阅读、答复和转发

(1) 接收并阅读电子邮件。接收邮件是将因特网中电子信箱中的邮件接收到本地

Outlook 中。通常有两种方法。

- 接收指定账号的邮件。操作方法：选择“发送/接收”选项卡，单击“发送和接收”组中的“发送/接收组”下拉按钮，执行“2 仅‘1169093938@qq.com’”→“收件箱”命令，这种方式只接收来自此账号的邮件。
- 接收所有账号邮件。操作方法：选择“发送/接收”选项卡，单击“发送和接收”组中的“发送/接收组”下拉按钮，执行“1 ‘所有账号’组”命令。

（2）回复电子邮件。回复电子邮件与撰写新邮件操作基本相同，只是“收件人”和“主题”框的内容均已自动填好，操作步骤如下。

- 打开“收件箱”，在列出的收件中选择要回复的电子邮件，双击邮件标题，或右击邮件标题弹出的快捷菜单中，执行“打开”命令。
- 如要回复或转发其他人，单击“响应”组中的“答复”按钮，在弹出的对话框中输入要回复的内容，然后单击“发送”按钮即可。

**注意**：当接收阅读完邮件后，选择该邮件也可将信件转发给他人。

9. 电子邮件的管理

（1）删除电子邮件。删除电子邮件操作步骤如下。

- 从“收件箱”中选择要删除的邮件，选择“开始”选项卡，单击“删除”组中的“删除”按钮；或在快捷菜单中选择“删除”选项，都可以将选中的邮件放入“已删除的邮件”文件夹中。

**注意**：放在“已删除文件夹”中的邮件并没有真正删除，还可以移动或复制到指定的文件夹。

- 打开“已删除的邮件”文件夹，在列表中选择要彻底删除的邮件，选择“删除”命令，在出现的“确认”对话框中选择“是”按钮，即可彻底删除该邮件。

（2）保存电子邮件。可以把一些有用的电子邮件备份到其他文件夹中，备份后文件的扩展名为.msg 等格式。

从“收件箱”中选择要保存的邮件，然后打开“文件”菜单，选择“另存为”选项，弹出“另存为”对话框，其后的操作与 Word 基本相同。

（3）移动和复制电子邮件。常用方法有以下两种。

- 选定邮件，用鼠标直接拖动即可完成移动操作，按住 Ctrl 键的同时再拖动鼠标即可完成复制操作。
- 选定邮件，选择“文件夹”选项卡，选择“移动到文件夹”或“复制到文件夹”选项，在弹出的对话框中选择目标文件夹，单击“确定”按钮。

**注意**：“发件箱”中的文件只能移出，不能移入。

（4）打印电子邮件。用户可以打印指定电子邮件，也可以在阅读电子邮件时打印当前电子邮件，操作步骤如下。

- 在邮件列表中选择要打印的电子邮件。

- 打开“文件”菜单，选择“打印”选项。

> **想想议议**
>
> (1) 使用电子邮件过程中遇到过哪些安全问题？如何防范？
>
> (2) 手机电子邮件和电脑电子邮件软件使用的异同点？
>
> (3) 到目前为止，我们所操作的应用软件是不是与系统软件中的资源管理器有着密切联系？

### 5.3.3 项目进阶

上面通过电子邮件的方式给群组发送了聚会通知，也可以通过各种即时通信软件来完成。比如：E话通、MSN、QQ、UC、商务通、网易泡泡、淘宝旺旺、网络飞鸽等。

### 5.3.4 项目交流

(1) 为了防止垃圾邮件充斥“收件箱”，如何对垃圾邮件实现筛选？

(2) 你通常使用哪些即时通信软件进行网上交流？它们各具什么特点？

(3) 收发电子邮件时使用了什么协议？

分组召开交流讨论会，并交回讨论记录摘要，内容包括时间、地点、主持人(即组长，建议轮流当组长)、参加人员、讨论内容等。

## 5.4 实验实训

### 5.4.1 因特网基本操作

#### 5.4.1.1 实验实训目标

1. 实验目标

(1) 掌握网页浏览器Internet Explore(IE)的基本使用方法。

(2) 掌握电子邮件客户端Outlook的基本使用方法。

2. 实训目标

培养根据需要从因特网上获取知识的能力，运用Outlook邮件客户端进行信息交流与沟通的能力。

#### 5.4.1.2 主要知识点

1. 万维网与浏览器的使用

IE浏览器设置、页面浏览操作、保存网页中的信息操作、收藏夹操作、搜索引擎的使用等。

2. 电子邮件与 Outlook 的使用

Outlook 的运行及账号设置、收发电子邮件的操作、通讯簿的管理等。

### 5.4.1.3 基本技能实验

1. IE 网页浏览器的使用

（本题使用“因特网\基本技能实验\1”文件夹）

打开河北工程大学主页(http://www.hebeu.edu.cn)，执行以下操作。

(1) 将打开的河北工程大学首页设为 IE 浏览器主页。

(2) 浏览“学校概况”页面，将“学校简介”下的页面内容以文本文件的格式保存为“河北工程大学简介.txt”。

(3) 浏览“校区分布”页面，将图片“河北工程大学本部总平面”保存为“河北工程大学本部总平面图.jpg”。

(4) 浏览“校歌”页面，下载校歌 mp3 文件，命名为“河北工程大学校歌.mp3”。

**提示：**

(1) 平常需要的文件资源可以从大型门户网站或下载站点得到，较大的文件可以使用支持断点续传的文件下载工具，如迅雷、网络蚂蚁、网际快车等。

(2) 另外也可以通过开放的 FTP 服务器匿名下载文件资源，如河北工程大学 FTP 服务器：ftp://ftp.hebeu.edu.cn。

(5) 浏览“校训”页面，将该页面添加到收藏夹下的“常用”中。

2. 搜索引擎的使用

（本题使用“因特网\基本技能实验\2”文件夹）

打开百度首页(http://www.baidu..com)，输入“河北工程大学 CUBA”进行关键字搜索，并将搜索结果以默认文件名保存到文件夹中。

**提示：**

(1) 成功的搜索：网页浏览器(如 IE)+强大的搜索网站(如百度)+合理的搜索关键字。

(2) 除百度外，Google(http://www.google.com)、雅虎(http://www.yahoo.com.cn)、搜狗(http://www.sogou.com.cn)等都是不错的搜索网站。

3. Outlook 邮件客户端的使用

（本题使用“因特网\基本技能实验\3”文件夹）

打开 Outlook 电子邮件客户端软件，执行以下操作。

(1) 在 Outlook 中添加自己的邮件账户(可先申请一个邮箱账户，或直接使用 QQ 邮箱账户)。

**提示：**

（1）利用 Outlook 邮件客户端可以很方便地同时管理多个账户。

（2）要添加的邮件账户必须是已经开启了 POP3/SMTP 服务的 E-mail 地址，如图 5.4 所示是 QQ 信箱的 POP3/SMTP 服务设置。

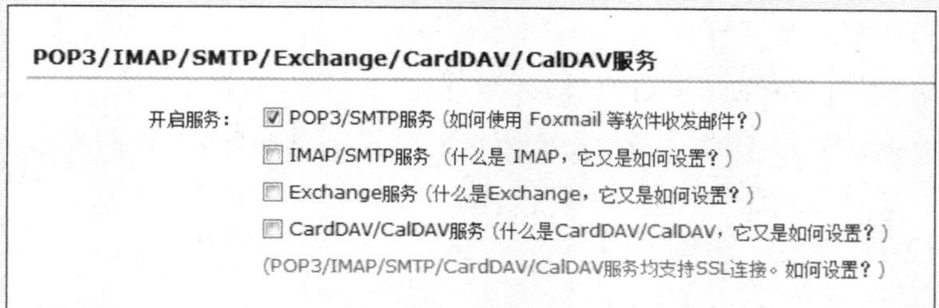


图 5.4　QQ 信箱的 POP3/SMTP 服务设置

（3）Outlook 客户端接收邮件时将邮件从邮件服务器下载到本地，默认将邮件服务器上的邮件删除，如果想保留，可在账户属性对话框的"高级"标签下进行设置，如图 5.5 所示。

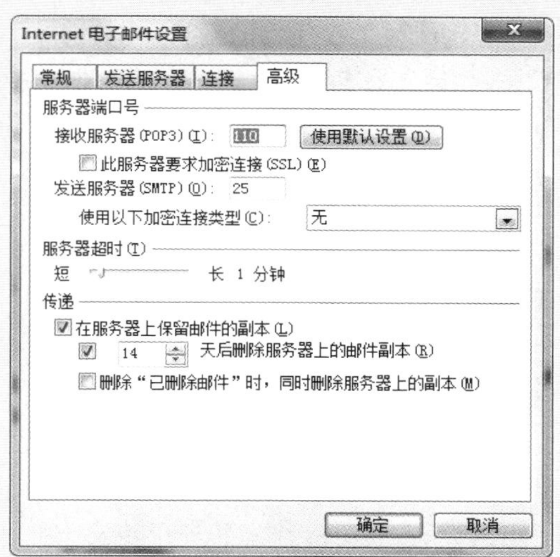


图 5.5　账户属性对话框

（4）可将联系人的邮件地址加入 Outlook 的通讯簿中，然后通过通讯簿选取收件人。

（2）向河北工程大学计算机教研室发一个 E-mail，反映自己在大学计算机基础课程学习中遇到的问题。具体信息如下：

收件人：xindian-jj@hotmail.com；

主题：专业××××，班级××，学号×××，姓名×××，问题反映。

邮件内容：老师你好，我在大学计算机基础课程的 CDIO 实训过程中遇到了一些问题，详细内容见附件。请求老师指导！

附件：问题反映.docx。

### 5.4.1.4 综合实训项目

**1. 网页浏览和软件下载**

（本题使用“因特网\综合实训项目\1”文件夹）

参考“本章项目实例 1 的要求”，完成指定的网页浏览操作，并保存相关内容到本题文件夹中；完成软件下载，并保存在本题文件夹中。

**2. 发送出游召集电子邮件**

（本题使用“因特网\综合实训项目\2”文件夹）

通过网络搜索相关旅游资讯，制订一个假期“出游召集”计划，亲近大自然，践行低碳环保，并发送邮件给你的朋友，邀请他（她）参加你的活动，同时抄送一份给老师。

操作提示：

（1）首先在百度等大型搜索门户网站搜索你所需的资讯，如搜索“京娘湖 低碳 环保旅游”关键字，从结果中挑选出自己满意的文字和图片等。

（2）用 Word 等文字处理软件加工收集到的信息，如活动原则、景点介绍、出行路线、交通工具、时间安排、住宿安排，身体要求，出行必备等。结果保存到文件夹。

（3）用 Outlook 撰写邀请邮件给你的朋友，将上述 Word 文档作为附件发送。

### 5.4.1.5 实训拓展项目

**1. 知识获取与分享**

互联网时代要学会从网络上获取知识。试以小组为单位完成以下任务。

（1）拟定一个搜索主题，然后每个成员分别在网上查找与主题有关的内容，并将查找到的信息分类整理保存成文件。

（2）小组成员之间要能够快速分享各自获取到的知识，并进行有效交流。试给组内成员发送电子邮件，将整理后的内容作为附件与其他小组成员进行交流与比较。

（3）阅读收到的其他小组成员的邮件，并将其进行转发。

（4）将收到的转发邮件阅读后删除，并到“已删除邮件”将邮件彻底删除。

> 小贴士：
>
> （1）转发邮件时也可以对转发的内容进行编辑，并非只能原样转发。
>
> （2）平常删除的邮件只是删除到了“已删除邮件”文件夹，并非彻底删除。

**2. FTP 下载**

从网上查找一些 FTP 站点，练习匿名登录 FTP 站点并下载文件，思考 FPT 下载文件和直接从网页上下载文件有什么不同。

### 3. BBS 论坛

从网上查找并了解什么是 BBS 论坛，找一些与自己专业相近的 BBS 论坛，练习注册用户名，加入论坛并参与话题。

### 4. 认识更多下载工具

从网上搜索迅雷、网络蚂蚁、CuteFTP 等下载工具，从练习使用中体验它们的共性与区别。

# 第6章 算法与程序设计基础实验实训(Python)

在与本书配套的主教材中,已经讲述了算法和程序设计基础(Python)的相关知识,这里不再讲述。

## 6.1 实验实训1:编程基础

### 6.1.1 实验实训目标

1. 实验目标

(1) 熟悉IDLE、Python的交互式解释器、记事本程序等Python开发环境的基本操作。

(2) 理解Python常量、变量和对象的创建和删除方式。

(3) 熟悉Python代码书写规则。

(4) 理解Python基于值的自动内存管理机制。

(5) 掌握Python基本输入输出函数或语句的用法。

2. 实训目标

理解Python语言程序通过解释器进行程序执行的方式。

### 6.1.2 主要知识点

(1) Python程序的创建和运行方式,包括在开发环境中直接运行Python程序和在命令提示符环境中运行Python程序。

(2) 在Python中,标识符由字母、数字以及下画线组成,不能以数字开头,不能和Python中的关键字(保留字)相同。Python中的标识符区分大小写,不限定长度。

(3) Python最具特色的就是用缩进来写模块。缩进就是在一行中输入若干空格或制表符(按Tab键产生)后,再开始书写字符。建议在每个缩进层次使用四个空格。

(4) Python的变量不需要声明,可以直接使用赋值运算符"="对其赋值,根据所赋的值来决定其数据类型。Python采用的是基于值的内存管理方式,如果为不同变量赋值相同值，则在内存中只有一份该值，多个变量指向同一块内存地址，多个变量可以引用同一个对象，一个变量也可以引用不同的对象(id 不同)。

(5) input()和 print()是在命令行下最基本的输入和输出。

### 6.1.3 实验实训内容

【实验实训 6-1-1】 使用 Python 的交互式解释器。

在提示符“＞＞＞”下输入以下语句，分析运行结果。

```
>>>from math import *
>>>pi
>>>e
>>>id(107)
>>>id('abc')
>>>x=107
>>>y=107
>>>id(x)
>>>id(y)
>>>y=2222
>>>id(y)
```

**提示**：依次选择“开始”菜单→“所有程序”→Python 3.5→Python 3.5(64-bit)，即可启动 Python 的交互式解释器窗口。在提示符“＞＞＞”下输入 Python 语句，按回车键后，系统就会立即执行这条语句。

【实验实训 6-1-2】 使用 IDLE 集成开发环境编写和执行 Python 程序，输入＜人名 1＞和＜人名 2＞(这里运行时输入的是李明和张辉)，在屏幕上显示如下的新年贺卡。

```
##############################
李明

Happy New Year to you.

                Yours  张辉
##############################
```

**提示**：

(1) IDLE 环境操作步骤：

依次选择“开始”菜单→“所有程序”→Python 3.5→IDLE 来启动 IDLE。

打开 IDLE 后出现一个增强的交互命令行解释器窗口(具有比基本的交互命令提示符更好的剪切、粘贴等功能)。

按Ctrl+N键或在IDLE的File菜单中选择New File，则会打开一个新的空白窗口，在此窗口中即可进行大段落编程，注意每行顶格写。

当完成编辑后，请按Ctrl+S键或在菜单File中选择Save先保存文件。如果未保存直接运行将会出现提示，提醒用户请先保存。保存文件时，位置任意，但文件的扩展名必须为.py。

保存后按F5键或选择Run菜单的“Run Module”进行运行。这时，如果程序无错误，即可在IDLE的交互编辑环境看到输出结果。

(2) 熟悉本书配套主教材IDLE的使用特性，会为以后的编程实验带来便利。

(3) 使用input函数和print函数。

补全程序：

```
name1=input("请输入收卡人:")
name2=__________________
print("##############################")
____________________________
print()                                  #空一行
print("Happy New Year to you.")
print()
print("            Yours ",name2)
print("##############################")
```

【实验实训6-1-3】 编程实现：输入圆的半径，计算圆的周长与面积。程序运行结果如下：

输入圆的半径：1.2
圆的周长为：  7.54
圆的面积为：  4.52

【实验实训6-1-4】 计算数列1/x+1/(x+1)+1/(x+2)+…+1/n，我们设x=1,n=10。

补全程序：

```
sum=0
for i in range(1, 11):
    sum+=1 /i        #循环通项
    print ________________________________________ #输出 i 和 sum的值
```

# 6.2 实验实训2：数据类型

## 6.2.1 实验实训目标

### 1. 实验目标

(1) 熟悉数字类型和字符串类型的使用。

(2) 理解列表、元组、字典数据结构的用法。

(3) 掌握表达式的书写。

2. 实训目标

对数据结构的认识与数据思维的理解。

### 6.2.2 主要知识点

(1) 数字类型的运算,包括数值运算符和表达式的使用、常用内置数值运算函数和数字类型转换函数的使用。

(2) 字符串类型的运算,包括字符串运算符和表达式的使用、字符串类型的格式化、常用内置字符串运算函数和字符串处理方法的使用。

(3) 列表、元组、字典对象的基本操作,包括创建与删除,判断是否存在指定元素,合并、查找等操作。

(4) 常用运算符和表达式的书写。

### 6.2.3 实验实训内容

【实验实训 6-2-1】 温度转换。输入一个摄氏温度 C,计算对应的华氏温度 F。计算公式:F=C * 9/5+32,式中,C 表示摄氏温度,F 表示华氏温度。

【实验实训 6-2-2】 判断闰年。用户输入一个年份,判断这一年是不是闰年,分别输出 True 和 False。

当以下情况之一满足时,这一年是闰年:

(1) 年份是 4 的倍数而不是 100 的倍数(如 2004 年是,1900 年不是)。

(2) 年份是 400 的倍数(如 2000 年是,1900 年不是)。

补全程序:

```
stryear=input("请输入年份:")          #输入的是字符串
year=int(stryear)                      #字符串转换为整数
result=___________________________________________#计算逻辑表达式
print("闰年判断结果是:",result)
```

【实验实训 6-2-3】 写出下面程序的运行结果。

```
a=['one', 'two', 'three']
for i in a[::-1]:
    print (i)
```

【实验实训 6-2-4】 分析下面程序的作用及运行结果。

```
d={ 'Adam': 95, 'Lisa': 85, 'Bart': 59, 'Paul': 74 }
sum=0.0
for name in d:sum+=d[name]
```

```
print(sum/4)
```

【实验实训 6-2-5】 分析下面程序的作用及运行结果。

```
m=1
for x in range(1,5):
    m *=x
print(m)
```

【实验实训 6-2-6】 分析下面程序的作用及运行结果。

```
L=['Python','is','strong']
for i in range(len(L)):
    print(i,L[i],end=' ')
```

【实验实训 6-2-7】 分析下面程序的作用及运行结果。

```
words=['cat','window', 'defenestrate']
for w in words[:]:
    if len(w)>6:
        words.append(w)
print(words)
```

【实验实训 6-2-8】 阅读并运行程序,分析其运行结果。

```
import random
x=[random.randint(0,100) for i in range(20)]
print(x)
y=x[::2]
y.sort(reverse=True)
x[::2]=y
print(x)
```

【实验实训 6-2-9】 问题描述:假设一个列表中含有若干整数,现在要求将其分成 n 个子列表,并使得各个子列表中的整数之和尽可能接近。

设计思路:直接将原始列表分成 n 个子列表,然后再不断地调整各个子列表中的数字,从元素之和最大的子列表中拿出最小的元素放到元素之和最小的子列表中,重复这个过程,直到 n 个子列表足够接近为止。

阅读程序,尝试理解列表切片和 max()、min()、enumerate()等内置函数的用法。

```
import random


def numberSplit(lst, n,threshold):
    '''lst 为原始列表,内含若干整数,n 为拟分份数
      threshold 为各子列表元素之和的最大差值'''
    #列表长度
    length=len(lst)
    p=length // n
```

```
    #尽量把原来的 lst 列表中的数字等分成 n 份
    partitions=[]
    for i in range(n-1):
        partitions.append(lst[i * p:i * p+p])
    else:
        partitions.append(lst[i * p+p:])
    print('初始分组结果:', partitions)

    #不停地调整各个子列表中的数字
    #直到 n 个子列表中数字之和尽量相等
    times=0
    while times <1000:
        times+=1
        #所有元素之和最大与最小的两个子列表
        maxLst=max(partitions, key=sum)
        minLst=min(partitions, key=sum)
        #把大的子列表中最小的元素调整到小的子列表中
        m=min(maxLst)
        i=[index for index, value in enumerate(maxLst) if value==m][0]
        minLst.insert(0, maxLst.pop(i))
        print('第{0}步处理结果:'.format(times), partitions)

        #检查一下各个子列表是否足够接近
        first=sum(partitions[0])
        for item in partitions[1:]:
        #如果还不是足够接近,结束 for 循环,继续 while 循环的动态调整过程
            if abs(sum(item)-first) >threshold:
                break
        else:
      #如果 for 循环正常结束,说明各个子列表已经足够接近,结束 while 循环
            break
    else:
      #调整了 1000 次还是无法成功使得各个子列表足够接近,放弃
        print('很抱歉,我无能为力,只能给出这样一个结果了。')
      #返回最终结果
    return partitions

#测试数据,随机列表
lst=[random.randint(1, 100) for i in range(10)]
print(lst)
#调用上面的函数,对列表进行切分
result=numberSplit(lst, 3, 10)
print('最终结果:', result)
```

```
#输出各组数字之和
print('各子列表元素之和:')
for item in result:
    print(sum(item))
```

# 6.3 实验实训3：顺序结构与选择结构

## 6.3.1 实验实训目标

1. 实验目标

(1) 掌握顺序结构的使用。

(2) 掌握选择结构的使用。

2. 实训目标

理解程序设计的一般过程，理解算法设计与实现的过程，从而进一步理解和掌握使用计算机进行问题求解的方法。

## 6.3.2 主要知识点

(1) 赋值运算符和各类赋值语句的使用。

(2) 单分支、双分支和多分支语句。

(3) 分支结构嵌套。

## 6.3.3 实验实训内容

【实验实训6-3-1】 阅读和运行程序，分析其运行结果，写在后面的括号里。

```
#<1 基本赋值语句>
x=1; y=2
k=x+y
print(k)
```

运行结果(________________________________________)

```
#<2 序列赋值语句>
a,b=4,5
print(a,b)
a,b=(6,7)
print(a,b)
a,b="AB"
```

```
print(a,b)
((a,b),c)=('AB','CD')    #嵌套序列赋值
print(a,b,c)
i,*j=range(3)
print(i,j)
```

运行结果(______________________________________________)

```
#<3 多目标赋值语句 1>
i=j=k=3
print(i,j,k)
i=i+2 #改变 i 的值,并不会影响到 j, k
print(i,j,k)
```

运行结果(______________________________________________)

```
#<3 多目标赋值语句 2>
i=j=[]      #[]表示空的列表,定义 i 和 j 都是空列表,i 和 j 指向同一个空的列表地址
i.append(30)  #向列表 i 中添加一个元素 30,列表 j 也受到影响
print(i,j)
i=[];j=[]
i.append(30)
print(i,j)
```

运行结果(______________________________________________)

```
#<4 赋值运算符 1>
i=2
i*=3        #等价于 i=i*3
print(i)
```

运行结果(______________________________________________)

```
#<4 赋值运算符 2>
L=[1,2]; L1=L; L+=[4,5]
print(L,L1)
```

运行结果(______________________________________________)

```
#<4 赋值运算符 3>
L=[1,2]; L1=L; L=L+[4,5]
print(L,L1)
```

运行结果(______________________________________________)

**【实验实训 6-3-2】** 输入学生的分数 score,输出成绩等级 grade。其中分数>=90 分的同学用 A 表示,60~89 分之间的用 B 表示,60 分以下的用 C 表示。

**【实验实训 6-3-3】** 编写程序,实现分段函数计算,如下表所示。

| x | y |
| --- | --- |
| x＜0 | 0 |
| 0＜＝x＜5 | x |
| 5＜＝x＜10 | 3x－5 |
| 10＜＝x＜20 | 0.5x－2 |
| 20＜＝x | 0 |

补全程序：

```
x=input('Please input x:')
x=eval(x)        #eval(x)函数:计算字符串 x 中有效的表达式的值。
if x<0 or x>=20:
    print(0)
elif 0<=x<5:
    print(x)
________________________________
    print(3*x-5)
________________________________
    print(0.5*x-2)
```

【实验实训 6-3-4】 题目：输入一个不多于 5 位的正整数，要求出它是几位数，并逆序打印出各位数字。

程序分析：学会使用算术运算符%和//分解出每一位数。

补全程序：

```
x=int(input("请输入一个数:\n"))
a=x//10000
b=x %10000//1000
c=________________________________
d=x %100//10
e=x %10
if a !=0:
    print ("是一个 5 位数:",e,d,c,b,a)
elif b !=0:
    print ("是一个 4 位数:",e,d,c,b)
elif c !=0:
    ________________________________
elif d !=0:
    print ("是一个 2 位数:",e,d)
else:
    print ("是一个 1 位数:",e)
```

【实验实训 6-3-5】 编写程序，解一元二次方程 $ax^2+bx+c=0$。用户输入系数 a、b、

c,如果有实根,计算并输出实根,否则输出“无实根”。

补全程序：

```
from math import *
print("本程序求 ax^2+bx+c=0 的实根")
a=float( input("请输入 a:") )
b=float( input("请输入 b:") )
c=float( input("请输入 c:") )
delta=b*b-4*a*c
if(delta>=0):
    delta=sqrt(delta)
    ________________________________
    ________________________________
    print("两个实根分别为:",x1,x2)
else:
    ________________________________
```

【实验实训 6-3-6】 解一元二次方程 $ax^2+bx+c=0$。用户输入系数 a、b、c,输出该方程的根(含复根),并考虑输入的系数构不成方程或只构成一次方程的情况。

分析并运行程序,理解其中算法设计与实现的思路。

```
import math
a=int(input('请输入一元二次方程的系数 a: '))
b=int(input('请输入一元二次方程的系数 b: '))
c=int(input('请输入一元二次方程的系数 c: '))
print('你输入的方程为%dx*x+%dx+%d=0'%(a,b,c))
if (a==0):
    if (b==0):
        print("你输入的系数不构成方程")
    else:
        x=-c/b
        print('实际为一元一次方程,根为: ',x)
else:
    delta=b*b-4*a*c
    if(delta>=0):
        delta=math.sqrt(delta)
        x1=(-b+delta)/2/a
        x2=(-b-delta)/2/a
        print('方程有实根,它们是: ')
        print('x1=','%10.3f'%x1,',','x2=','%10.3f'%x2)
    else:
        delta=math.sqrt(-delta)
        x1=-b/(2*a)
        x1=float('%10.3f'%x1)
        x2=delta/(2*a)
```

```
x2=float('%10.3f'%x2)
print('方程有复根,它们是：')
print('x1=',complex(x1,x2),',','x2=',complex(x1,-x2))
```

# 6.4 实验实训4：循环结构及常用算法实现(一)

## 6.4.1 实验实训目标

1. 实验目标

(1) 掌握循环结构的使用。

(2) 理解常用的算法策略。

2. 实训目标

进一步理解程序设计和运行的过程、算法设计与实现的过程，掌握一些基本算法策略，从而进一步理解和掌握使用计算机进行问题求解的方法。

## 6.4.2 主要知识点

(1) for 语句的使用。

(2) 枚举法、递推法(迭代法、辗转法)。

## 6.4.3 实验实训内容

【实验实训6-4-1】 求1～100的数列之和。阅读和运行下面程序，理解和体会不同方法的特点。

```
#1 基本方法
s=0
for x in range(1,101):
    s+=x
print(s)

#2 列表推导式求和
number_list=[number for number in range(1,101)]  #列表推导式生成 1~100 数列
print(sum(number_list))  #数列求和

#3 最简约方法
s=sum(range(1,101))
print(s)
```

【实验实训6-4-2】 参考上例，编程求1～n的正整数的平方和。n由用户输入。

【实验实训 6-4-3】 有一个分数序列：2/1，3/2，5/3，8/5，13/8，21/13，……，求这个数列的前 20 项之和。

提示：请抓住数列中分子与分母的变化规律。

【实验实训 6-4-4】 打印出所有的“水仙花数”，所谓“水仙花数”是指一个三位数，其各位数字立方和等于该数本身。例如，153 是一个“水仙花数”，因为 $153=1^3+5^3+3^3$。

提示：利用 for 循环实现枚举，控制 100～999 个数，每个数分解出个位、十位和百位。

补全程序：

```
for n in range(100,1000):
    i=n //100
    j=________________________________________
    k=n %10
    if n==_____________________________________
        print (n)
```

【实验实训 6-4-5】 编程打印如图所示的字符金字塔。阅读并运行程序，理解其中算法设计与实现的思路。如果将最后的 print()不进行缩进会出现什么结果？为什么？

```
        A
       BAB
      CBABC
     DCBABCD
    EDCBABCDE
   FEDCBABCDEF
  GFEDCBABCDEFG
 HGFEDCBABCDEFGH
IHGFEDCBABCDEFGHI
```

程序如下：

```
n=65
for a in range(10):
    print(' ' * (20-a),end='')
    for b in range(a-1,0,-1):
        print(chr(n+b),end='')
    for b in range(a):
        print(chr(n+b),end='')
    print()
```

【实验实训 6-4-6】 阅读并运行程序，理解其算法设计与实现的思路。

说明：本例皆在使读者体会科学计算方面算法的设计思路。其实 Python 里内置了二进制、八进制、十进制、十六进制之间的转换函数，编程时可以直接调用。

十进制数转换为二进制数：通过内置函数 bin 实现，例如：

```
>>>bin(10)
```

```
'0b1010'
```

十进制数转换为八进制数：通过内置函数 oct 实现，例如：

```
>>>oct(10)
'0o12'
```

十进制数转换为十六进制数：通过内置函数 hex 实现，例如：

```
>>>hex(10)
'0xa'
```

其他进制数转换为十进制数：将二进制数、八进制数和十六进制数转换为十进制数，都是通过内置函数 int 实现，只是不同的是 int 所接收的第二个参数 base 不同，其值默认为 10，表示转换为十进制数，如果为 2，则表示转换为二进制数，不过需要注意的是，如果需要显示指定 base 参数，那么第一个参数的数据类型必须为字符串，可以看下面的例子：

(1) 二进制数转换为十进制数，例如：

```
>>>int('1010',2)
10
```

(2) 八进制数转换为十进制数，例如：

```
>>>int('12',8)
10
```

(3) 十六进制数转换为十进制数，例如：

```
>>>int('a',16)
10
```

其他进制之间的转换，比如二进制转八进制或者二进制转十六进制需要通过十进制作为桥梁来进行转换。

例如，需要将二进制数 0b1010 转换为八进制数。

方法 1：

```
>>>int('1010',2)
10
>>>oct(10)
'0o12'
```

方法 2：

```
>>>oct(int('1010',2))
'0o12'
#1.二进制数转换为十进制数
#+++++++++++++++++++++++++++++++++++

#<程序:2-to-10 进制转换>
```

```
b=input("Please enter a binary number:")
d=0;
for i in range(0,len(b)):
    if b[i]=='1':
        weight=2**(len(b)-i-1)
        d=d+weight;
print(d)

#<程序:改进后的 2-to-10 进制转换>
b=input("Please enter a binary number:")
d=0; weight=2**(len(b)-1);
for i in range(0,len(b)):
    if b[i]=='1':
        d=d+weight;
    weight=weight//2;        #‘//’是整数除法
print(d)

#++++++++++++++++++++++++++++++++++++
#.2. 十进制数转换为二进制数#++++++++++++++++++++++++++++++++++++
#<程序:整数的 10-to-2 进制转换>
x=int(input("Please enter a decimal number:"))
r=0;
Rs=[];
while(x !=0):
    r=x%2
    x=x//2
    Rs=[r]+Rs
for i in range(0,len(Rs)):
#从最高位到最低位依次输出;Rs[0]存的是最高位, Rs[len(Rs)-1]存的是最低位。
    print(Rs[i],end='')
```

【实验实训 6-4-7】 对 10 个数进行排序。阅读并运行程序,尝试理解其算法设计与实现的思路。

程序分析:利用选择法,即从后 9 个比较过程中,选择一个最小的与第一个元素交换,下次类推,即用第二个元素与后 8 个进行比较,并进行交换。

程序代码:

```
N=10
print('please input ten num:\n')
l=[]
for i in range(N):
    l.append(int(input('input a number:\n')))
print()
for i in range(N):
```

```
    print(l[i])
print()
#sort ten num
for i in range(N-1):
    min=i
    for j in range(i+1,N):
        if l[min] >l[j]:min=j
    l[i],l[min]=l[min],l[i]
print('after sorted')
for i in range(N):
    print(l[i])
```

【实验实训 6-4-8】 有一个已经排好序的数组。现输入一个数，要求按原来的规律将它插入数组中。阅读并运行程序，尝试理解其算法设计与实现的思路。

程序分析：首先判断此数是否大于最后一个数，然后再考虑插入中间的数的情况，插入后此元素之后的数，依次后移一个位置。

程序代码：

```
a=[1,4,6,9,13,16,19,28,40,100,0]
print('original list is:')
for i in range(len(a)):
    print(a[i])
number=int(input("insert a new number:\n"))
end=a[9]
if number >end:
    a[10]=number
else:
    for i in range(10):
        if a[i] >number:
            temp1=a[i]
            a[i]=number
            for j in range(i+1,11):
                temp2=a[j]
                a[j]=temp1
                temp1=temp2
            break
    for i in range(11):
        print(a[i])
```

# 6.5 实验实训 5：循环结构及常用算法实现（二）

## 6.5.1 实验实训目标

### 1. 实验目标

（1）掌握循环结构的使用。

（2）循环嵌套的使用。

（3）理解常用的算法策略。

2. 实训目标

进一步理解程序设计和运行的过程、算法设计与实现的过程，以及使用计算机进行问题求解的方法。

## 6.5.2 主要知识点

（1）while 语句的使用。

（2）循环嵌套的使用。

## 6.5.3 实验实训内容

【实验实训 6-5-1】 利用下列公式计算 e 的近似值。要求最后一项的值小于 $10^{-6}$ 即可。

e≈1+1/1！+1/2！+…+1/n！

【实验实训 6-5-2】 编写程序，打印如下形式的九九乘法口诀表。

1＊1=1

1＊2=2 2＊2=4

1＊3=3 2＊3=6 3＊3=9

1＊4=4 2＊4=8 3＊4=12 4＊4=16

1＊5=5 2＊5=10 3＊5=15 4＊5=20 5＊5=25

1＊6=6 2＊6=12 3＊6=18 4＊6=24 5＊6=30 6＊6=36

1＊7=7 2＊7=14 3＊7=21 4＊7=28 5＊7=35 6＊7=42 7＊7=49

1＊8=8 2＊8=16 3＊8=24 4＊8=32 5＊8=40 6＊8=48 7＊8=56 8＊8=64

1＊9=9 2＊9=18 3＊9=27 4＊9=36 5＊9=45 6＊9=54 7＊9=63 8＊9=72 9＊9=81

【实验实训 6-5-3】 编写程序，输入若干成绩，统计出及格学生的平均成绩。

【实验实训 6-5-4】 海滩上有一堆桃子，五只猴子来分。第一只猴子把这堆桃子平均分为五份，多了一个，这只猴子把多的一个扔入海中，拿走了一份。第二只猴子把剩下的桃子又平均分成五份，又多了一个，它同样把多的一个扔入海中，拿走了一份，第三、第四、第五只猴子都是这样做的，问海滩上原来最少有多少个桃子？阅读并运行程序，理解其算法设计与实现的思路。

程序代码：

```
i=0
j=1
x=0
while(i<5) :
    x=4*j
```

```
    for i in range(0,5) :
        if(x%4!=0) :
            break
        else :
            i+=1
        x=(x/4) * 5+1
    j+=1
print(x)
```

【实验实训 6-5-5】 有 n 个人围成一圈，顺序排号。从第一个人开始报数（从 1～3 报数），凡报到 3 的人退出，问最后留下的是原来第几号的那位。阅读并运行程序，理解其算法设计与实现的思路。

程序代码：

```
nmax=50
n=int(input('请输入总人数:'))
num=[]
for i in range(n):
    num.append(i+1)
i=0
k=0
m=0

while m <n-1:
    if num[i] !=0 : k+=1
    if k==3:
        num[i]=0
        k=0
        m+=1
    i+=1
    if i==n : i=0

i=0
while num[i]==0: i+=1
print (num[i])
```

【实验实训 6-5-6】 编写程序模拟抓狐狸的小游戏。假设一排有 5 个洞口，小狐狸最开始的时候在其中一个洞口，然后人随机打开一个洞口，如果里面有小狐狸就抓到了。如果洞口里没有小狐狸就明天再来抓，但是第二天小狐狸会在有人来抓之前跳到隔壁洞口里。阅读并运行程序，理解其算法设计与实现的思路。

程序代码：

```
from random import choice, randrange

def catchMe(n=5, maxStep=10):
```

```
'''模拟抓小狐狸,一共 n 个洞口,允许抓 maxStep 次
   如果失败,小狐狸就会跳到隔壁洞口'''
#n 个洞口,有狐狸为 1,没有狐狸为 0
positions=[0] * n
#狐狸的随机初始位置
oldPos=randrange(1, n)
positions[oldPos]=1

#抓 maxStep 次
while maxStep >=0:
    maxStep -=1

    #这个循环保证用户输入是有效洞口编号
    while True:
        try:
            x=input('你今天打算打开哪个洞口呀?(0-{0}):'.format(n-1))
            x=int(x)
            if 0 <=x <n:
                break
            else:
                print('要按套路来啊,再给你一次机会。')
        except:
            print('要按套路来啊,再给你一次机会。')

    #如果当前打开的洞口里有小狐狸,就抓到了
    if positions[x]==1:
        print('成功,我抓到小狐狸啦。')
        break
    else:
        print('今天又没抓到。')
        #显示每天狐狸的位置,可以删掉下面一行来玩
        print(positions)

    #如果这次没抓到,狐狸就跳到隔壁洞口
    #已经跳到最右边的洞口了,下次只能往左跳
    if oldPos==n-1:
        newPos=oldPos -1
    #已经跳到最左边的洞口了,下次只能往右跳
    elif oldPos==0:
        newPos=oldPos+1
    #如果当前仍在几个洞口的中间位置,下次随机选择一个相邻的洞口
    else:
        newPos=oldPos+choice((-1, 1))
```

```
        #跳到隔壁洞口
        positions[oldPos], positions[newPos]=positions[newPos], positions[oldPos]
        oldPos=newPos
    else:
        print('放弃吧,你这样乱试是没有希望的。')

#启动游戏,开始抓小狐狸吧
catchMe()
```

# 6.6 实验实训6：函数的定义与使用及常用算法实现

## 6.6.1 实验实训目标

### 1. 实验目标

(1) 自定义函数的设计和使用。

(2) 理解常用的算法策略。

### 2. 实训目标

掌握函数的设计、使用与实现的过程，掌握一些基本算法策略，从而进一步理解和掌握使用计算机进行问题求解的方法。

## 6.6.2 主要知识点

(1) 函数的定义、调用。

(2) 变量的作用域。

(2) 递归法、分治法、贪心法、回溯法和动态规划法。

## 6.6.3 实验实训内容

【实验实训6-6-1】 分析并运行程序，分析其运行结果。

程序代码：

```
i=1
m=[1,2,3,4,5]
def func():
    x=200
    for x in m:
        print(x);
```

```
    print(x);
func ()
```

【实验实训 6-6-2】 分析并运行程序，分析其运行结果。

程序代码：

```
def  Pr():
        for i in range(0,10): #索引 i=0 to 9
            print("★")
Pr()
```

【实验实训 6-6-3】 利用递归方法求 5!。

【实验实训 6-6-4】 分析并运行程序，分析其运行结果，并理解和体会递归算法的使用。

程序代码：

```
def F(a):
    if len(a)==1: return(a[0])   #终止条件非常重要
    return(F(a[1:])+a[0])
a=[1,4,9,16]
print(F(a))
```

【实验实训 6-6-5】 求 1＋2!＋3!＋... ＋20! 的和。阅读和运行下面程序，理解和体会不同方法的特点。

```
#方法 1
n=0
s=0
t=1
for n in range(1,21):
    t *=n
    s+=t
print ('1!+2!+3!+...+20!=%d'%s)
#方法 2
s=0
l=range(1,21)
def op(x):
    r=1
    for i in range(1,x+1):
        r *=i
    return r
s=sum(map(op,l))
print ('1!+2!+3!+...+20!=%d'%s)
```

【实验实训 6-6-6】 求 n 个数中的最小值。阅读和运行下面程序，理解和体会不同方法的特点。

程序代码：

```
#==========================================
#求 n 个数中的最小值
#==========================================
print('1-最小值_循环')
def M(a):
    m=a[0]
    for i in range(1,len(a)):
        if a[i]<m:
            m=a[i]
        return m
a=[4,1,3,5]
print(M(a))

print('2-最小值_递归')
def M(a):
    print(a)
    if len(a)==1: return a[0]
    return (min(a[len(a)-1], M(a[0:len(a)-1])))
L=[4,1,3,5]
print(M(L))

print('3-最小值_分治')
def M(a):
    #print(a)   可以列出程序执行的顺序]
    if len(a)==1: return a[0]
    return ( min(M(a[0:len(a)//2]),M(a[len(a)//2:len(L)])))
L=[4,1,3,5]
print(M(L))

print('4-最小值和最大值_分治')
A=[3,8,9,4,10,5,1,17]
def Smin_max(a):
    if len(a)==1:
        return(a[0],a[0])
    elif len(a)==2:
        return(min(a),max(a))
    m=len(a)//2
    lmin,lmax=Smin_max(a[:m])
    rmin,rmax=Smin_max(a[m:])
    return min(lmin,rmin),max(lmax,rmax)
print("Minimum and Maximum:%d,%d"%(Smin_max(A)))
```

【实验实训 6-6-7】 最大公约数问题(Greatest Common Divisor,GCD),阅读和运行

下面程序，理解和体会使用贪心算法求 x 和 y 的最大公约数的过程。

程序代码：

```
#<程序:GCD_贪心>
def main():
    x_str=input('请输入正整数 x 的值:')
    x=int(x_str)
    y_str=input('请输入正整数 y 的值:')
    y=int(y_str)
    print(x,'和',y,'的最大公约数是:', GCD(x,y))


def GCD(x,y):
    if x>y: a=x;b=y
    else:   a=y;b=x
    if a%b==0: return(b)
    return(GCD(a%b,b))
main()
```

【实验实训 6-6-8】 编写函数，接收一个字符串，分别统计大写字母、小写字母、数字、其他字符的个数，并以元组的形式返回结果。

补全程序：

```
def demo(v):
    capital=little=digit=other=0
    for i in v:
        if 'A'<=i<='Z':
            capital+=1
        elif ______________________________
            little+=1
        elif '0'<=i<='9':
            digit+=1
        else:
            ______________________________
    return (capital,little,digit,other)
x='I have been studying Python since 2016.'
print(demo(x))
```

【实验实训 6-6-9】 使用回溯法实现数组全排列输出。阅读和运行下面程序，理解和体会算法的设计与实现。

全排列解释：从 n 个不同元素中任取 m(m≤n)个元素，按照一定的顺序排列起来，称为从 n 个不同元素中取出 m 个元素的一个排列。当 m=n 时所有的排列情况称为全排列。

程序代码：

```
from sys import stdout  #导入模块
```

```
def perm(li, start, end):
  if(start==end):
    for elem in li:
      stdout.write(elem)
      print('')
  else:
    for i in range(start, end):
      li[start], li[i]=li[i], li[start]
      perm(li, start+1, end)
      li[i], li[start]=li[start], li[i]
li=['a','b','c','d']
perm(li, 0, len(li))
```

【实验实训 6-6-10】 无穷数列 1,1,2,3,5,8,13,21,34,55,……,称为斐波那契(Fibonacci)数列。它可以递归地定义为:

$$F(n)=\begin{cases}1 & n=0\\ 1 & n=1\\ F(n-1)+F(n-2) & n>1\end{cases}$$

编写程序,使用分治法输出斐波那契数列,其中 n 由用户输入。

【实验实训 6-6-11】 假设有面值为 5 元、2 元、1 元、5 角、2 角、1 角的货币,需要找给顾客 4 元 6 角现金。编程使用贪心法求解:如何找给顾客零钱,使付出的货币数量最少?

【实验实训 6-6-12】 三角数塔问题。如下图所示的是一个由数字组成的三角形,顶点为根结点,每个结点有一个整数值。从顶点出发,可以向左走或向右走,要求从根结点开始,请编程,使用动态规划法找出一条路径,使路径之和最大,并输出路径的和。

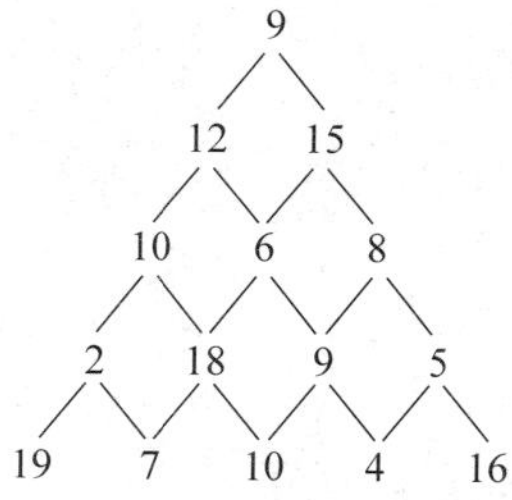


# 6.7 实验实训 7:Python 标准库的使用

## 6.7.1 实验实训目标

### 1. 实验目标

(1) 熟悉标准库函数的使用方法。

(2) 掌握导入模块的方法。

2. 实训目标

掌握Python标准库中常用模块导入与使用的方法，进一步理解和掌握使用计算机进行问题求解的方法。

## 6.7.2 主要知识点

(1) 导入模块，通常使用import语句和from…import语句两种方法。

(2) Python标准库中的常用模块。

(3) tkinter和turtle模块的使用。

## 6.7.3 实验实训内容

【实验实训6-7-1】 编写程序，生成包含20个随机数的列表，然后将前10个元素升序排列，后10个元素降序排列，并输出结果。

补全程序：

```
______________________________
x=[random.randint(0,100) for i in range(20)]
print(x)
y=x[0:10]
y.sort()
x[0:10]=y
y=x[10:20]
y.sort(reverse=True)
x[10:20]=y
print(x)
```

【实验实训6-7-2】 分析并运行以下程序，写出运行结果。

程序代码：

```
from turtle import *
circle(50)
s=Screen(); s.exitonclick()
```

【实验实训6-7-3】 分析并运行以下程序，写出运行结果。

程序代码：

```
from turtle import *
import math
def jumpto(x,y):
    up(); goto(x,y); down()
def getStep(r,k):
    rad=math.radians(90 * (1-2/k))
    return ((2 * r)/math.tan(rad))
```

```
def drawCircle(x,y,r,k):
    S=getStep(r,k)
    speed(10); jumpto(x,y)
    for i in range(k):
        forward(S)
        left(360/k)
reset()
drawCircle(0,0,50,20)
s=Screen(); s.exitonclick()
```

【实验实训 6-7-4】 分析并运行下面程序，写出运行结果。

程序代码：

```
from tkinter import *
canvas=Canvas(width=400,height=600,bg='white')
left=20
right=50
top=50
num=15
for i in range(num):
    canvas.create_oval(250 -right,250 -left,250+right,250+left)
    canvas.create_oval(250 -20,250 -top,250+20,250+top)
    canvas.create_rectangle(20 -2 * i,20 -2 * i,10 * (i+2),10 * ( i+2))
    right+=5
    left+=5
    top+=10
canvas.pack()
mainloop()
```

【实验实训 6-7-5】 一个数如果恰好等于它的因子之和，这样的数就称为完数。例如 6＝1＋2＋3，编程找出 1000 以内的所有完数。阅读理解并运行下面程序。

程序代码：

```
from sys import stdout
for j in range(2,1001):
    k=[]
    n=-1
    s=j
    for i in range(1,j):
            if j %i==0:
                n+=1
                s -=i
                k.append(i)

    if s==0:
```

```
    print(j)
    for i in range(n):
        stdout.write(str(k[i]))
        stdout.write(' ')
    print(k[n])
```

【实验实训 6-7-6】 微信红包的算法实现。阅读理解并运行下面程序，并思考有没有其他编程算法。

算法分析：

我们按照自己的逻辑分析，这个算法需要满足以下几点要求：

(1) 每个人都要能够领取到红包；

(2) 每个人领取到的红包金额总和＝总金额；

(3) 每个人领取到的红包金额不等，但也不能差得太多，不然就没乐趣。

设总金额为 10 元，有 N 个人随机领取。

N＝1，则红包金额＝10 元。

N＝2，为保证第二个红包可以正常发出，第一个红包金额＝0.01 至 9.99 之间的某个随机数，第二个红包＝10－第一个红包金额。

N＝3，红包 1＝0.01 至 0.98 之间的某个随机数，红包 2＝0.01 至(10－红包 1－0.01)的某个随机数，红包 3＝10－红包 1－红包 2。

……

程序代码：

```
import random

total=eval(input('请输入红包总金额:'))
num=eval(input('请输入红包个数:'))

min_money=0.01  #每个人最少能收到 0.01 元

print('红包总金额:%s 元,红包个数:%s' %(total,num))
for i in range(1,num):
    safe_total=round((total-(num-i)*min_money)/(num-i),2)  #随机安全上限
    #random.uniform(a, b),用于生成一个指定范围内的随机符点数,如果 a >b,则生成的随
        机数 n: a <=n <=b;如果 a <b, 则 b <=n <=a
    money=round(random.uniform(min_money*100,safe_total*100)/100,2)
    total=round(total-money,2)
    print('第{0}个红包:{1}元,余额:{2} 元 '.format(i,money,total))

print('第{0}个红包:{1}元,余额:0 元 '.format(num,total))
```

# 6.8 实验实训 8：文件

## 6.8.1 实验实训目标

1. 实验目标

(1) 文件的打开和关闭。

(2) 文件的读写。

2. 实训目标

掌握文件的使用方法，进一步理解和掌握使用计算机进行问题求解的方法。

## 6.8.2 主要知识点

(1) 文件的打开和关闭。

(2) 文本文件的读写。

(2) 二进制文件的读写。

## 6.8.3 实验实训内容

【实验实训 6-8-1】 分析和运行下面程序，写出运行结果。

程序代码：

```
def main():
    f=open("7-8-1.txt",'w')
    f.write("北京")
    f.write("上海")
    f.write("西安")
    f.write("\n 北京\n")
    f.write("上海\n 西安\n")
    f.close()
```

【实验实训 6-8-2】 分析和运行下面程序，写出运行结果。

程序代码：

```
main() #执行主函数
f=open('e48.txt','w')
f.write('Hello,')
f.writelines(['Hi','haha!'])          #多行写入
f.close()
#追加内容
f=open('e48.txt','a')
```

```
f.write('快乐学习,')
f.writelines(['快乐','生活。'])
f.close()

filehandler=open('e48.txt','r')     #以读方式打开文件
print (filehandler.read())          #读取整个文件
filehandler.close()
```

【实验实训 6-8-3】 编写程序，输入学生姓名、数学分数、英语分数生成文件 grade.txt，再读取文件信息，计算平均成绩。

【实验实训 6-8-4】 阅读以下程序，分析运行结果。

程序代码：

```
users=[]#创建一个空列表
users.append({'id':'admin','pwd':'135@$ ^'})
users.append({'id':'guest','pwd':'123'})
users.append({'id':'python','pwd':'123456'})
print('代码中创建的账户信息列表如下:')
print(users)
myfile=open(r'\userdata.bin','wb')
import pickle
pickle.dump(users,myfile)
myfile.close()
print('账户信息已经写入文件 userdata.bin')
myfile=open(r'userdata.bin','rb')
x=pickle.load(myfile)
print('从文件读出的对象如下:')
print(x)
```

# 第7章 综合实训项目

本章的综合实训练习，主要训练学生对操作系统、网络、Office和简单程序设计的综合使用能力，适合小组协作完成，建议成立项目小组，实行组长负责制，小组讨论、实验实训、项目考核答辩等活动均以小组活动形式进行。

## 7.1 综合实训项目1："落实弟子规，传递正能量"

本项目的主题是"落实弟子规，传递正能量"，要求综合使用文字处理、电子表格、PPT等多个应用软件完成。

### 7.1.1 建立项目文件夹

建立项目文件夹，在此文件夹中建立与主题相关的文件夹及文件，小组内部注意文件夹和文件命名的统一性。把与项目主题相关的资料文件放入相应的文件夹中，比如，文字、音乐、图片、动图等。

### 7.1.2 搜集相关资料

在Internet中利用搜索引擎搜索资源，能对搜索到的有价值的资源进行下载或保存，对相应的内容做到资源管理分层存储。

### 7.1.3 使用Word编写"孝亲感恩"倡议书

以"孝亲感恩"为主题，编写倡议书，使用Word进行文档编辑与排版、表格制作和图文混排等操作。倡议书的字体和格式设置美观，图文编排合理，内容积极向上，传递正能量。

### 7.1.4 使用 Excel 进行日常生活收支统计与分析

制作生活收支统计表，使用 Excel 进行计算、统计和分析，并能制作出直观清晰的图表，并请分析在生活各个方面，比如餐饮、学习、健身、孝亲等方面的费用比例情况。

### 7.1.5 使用 Python 编写若干个与生活和学习相关的小程序

使用 Python 编写若干个与生活和学习相关的小程序(不少于 5 个)。

### 7.1.6 使用 PowerPoint 制作“落实弟子规，传递正能量”的 PPT

以“落实弟子规，传递正能量”为主题制作 PPT，使用 PowerPoint 进行幻灯片的编辑，幻灯片中的各种对象(文本框、图片和声音等对象)的格式设置、幻灯片模板、母版、背景和配色方案的使用与设置，添加动态效果，使用超链接等等。

### 7.1.7 项目内容汇总与打包

使用 PowerPoint 工具，制作项目的启动界面、主界面和结束界面，然后通过创建超链接将上述 7.1.3～7.1.6 节内容链接在相应的幻灯片或网页上，即以超链接的形式汇总与打包。

## 7.2 综合实训项目 2：“低碳生活，从我做起”

本项目的主题是“低碳生活，从我做起”，参考综合实训项目 1 的要求，综合使用文字处理、电子表格、PPT、Python 等多个软件完成。

## 7.3 综合实训项目 3：“我的中国梦”

本项目的主题是“我的中国梦”，参考综合实训项目 1 的要求，综合使用文字处理、电子表格、PPT、Python 等多个软件完成。

**你我共勉**

纸上得来终觉浅，绝知此事要躬行。

——陆游

# 参 考 文 献

1. 申艳光，宁振刚. 计算文化与计算思维基础. 北京：高等教育出版社，2014.
2. 刘志敏，张艳丽. 计算文化与计算思维基础实验实训教程. 北京：高等教育出版社，2014.
3. 陈国良. 计算思维导论. 北京：高等教育出版社，2012.
4. 沙行勉. 计算机科学导论——以 Python 为舟(第 2 版). 北京：高等教育出版社，2016.
5. 赵英良. Python 程序设计. 北京：人民邮电出版社，2016.
6. 董付国. Python 程序设计基础. 北京：清华大学出版社，2015.
7. 邓英，夏帮贵. Python 3 基础教程. 北京：人民邮电出版社，2016.
8. 嵩天，礼欣，黄天羽. Python 语言程序设计基础. 北京：高等教育出版社，2017.